艺术家怎么穿

[英]查理·波特/著
寻 美/译

北京科学技术出版社

Text copyright © Charlie Porter, 2021
Pages 300–303 Modern Studies by Charlotte Prodger
Text © Charlotte Prodger 2019
First published as WHAT ARTISTS WEAR in 2021 by Penguin Press. Penguin Press is part of the Penguin Random House group of companies.
Simplified Chinese translation copyright © 2025 by Beijing Science and Technology Publishing Co., Ltd.

The moral right of the author has been asserted
No part of this book may be used or reproduced in any manner for the purpose of training artificial intelligence technologies or systems

著作权合同登记号　图字：01-2024-6089

图书在版编目（CIP）数据

艺术家怎么穿 / (英) 查理·波特著；寻美译. —
北京：北京科学技术出版社，2025. -- ISBN 978-7
-5714-4502-7

Ⅰ. TS941.12

中国国家版本馆CIP数据核字第 2025UT5633 号

策划编辑	宋　晶
责任编辑	李雪晖
图文制作	边文彪
封面设计	源画设计
责任印制	吕　越
出 版 人	曾庆宇
出版发行	北京科学技术出版社
社　　址	北京西直门南大街 16 号
邮政编码	100035
电话传真	0086-10-66135495（总编室）
	0086-10-66113227（发行部）
网　　址	www.bkydw.cn
印　　刷	雅迪云印（天津）科技有限公司
开　　本	880 mm × 1230 mm　1/32
字　　数	199 千字
印　　张	11.25
版　　次	2025 年 6 月第 1 版
印　　次	2025 年 6 月第 1 次印刷
ISBN 978-7-5714-4502-7	
定　　价	98.00 元

京科版图书，版权所有，侵权必究。
京科版图书，印装差错，负责退换。

推荐序一

对一些人而言，服装是一种束缚；对另一些人而言，服装则是解放的象征。从社会学视角来看，我们会发现服装的这种双重性在历史长河中逐渐变得显著。然而，从个人视域来看，服装可能具备另一种双重性——它既是"缓冲地带"，也是表达个人意志的战场。也就是说，服装具有"中间地带"属性。实际上，服装的这一属性早在现代意义上的时尚前史阶段就开始发挥功能。

拉斐尔的画作《雅典学院》生动地描绘了处于现代性启蒙阶段的人们对千年前的高知群体的想象——在这幅画作中，身着华服的古希腊先贤们遍布圣殿般的学院之中。这件作品的奇妙之处在于，艺术家群体以一种"缺席"的方式在场：作为匠人的古希腊艺术家尚不能跻身群贤之列（尽管他们的雕塑和建筑作品构成了画作的背景），但拉斐尔巧妙地将自己及其同代人——达·芬奇、米开朗基罗——间接地融入了画面，从而将文艺复兴时期的艺术家形象凝练为美术史经典画作的重要组成部分。他们与这幅画作融为一体，供后人膜拜与敬仰。

此画诞生于 16 世纪初，这时正是艺术家群体通过用一系列复杂手段进行抗争，逐步从委托者订单背后的

"工具人"转变为绘画创作的真正主人,最终实现主体性觉醒的关键时期。在彼时艺术家的笔下,这场文艺复兴巧妙地隐藏于杰作的画面之中,有心的观者才能从中品味出其曲折和壮阔。

当艺术生产体系从行会作坊体系迈向现代工作室体系时,服装作为"身体政治"的延伸,已然成为艺术家书写职业神话的重要介质。这种自我赋权的策略在20世纪演化出了更为复杂的形态:从工作室美学的视觉风格,到艺术家个人品牌(IP)的消费符号,再到将服装作为观念载体的元创作实践,这些皆可溯源至形成于文艺复兴时期的艺术家主体性觉醒传统。或许,20世纪的艺术家们要感谢文艺复兴时期的先贤们,正是他们奠定了这一传统。

艺术与时尚在现代性框架下形成了吊诡的共生且对抗的关系:前者通过展览体制追求个体作品的永恒价值,后者则依托季节更迭制造集体记忆的瞬时狂欢。二者都宣称自己引领了对方,但略显尴尬的是,它们所面对的消费者却是近乎相同的社会群体。因此,二者合作成为必然的选择,这在后工业时代引发了所谓的"艺术时尚化"或"时尚艺术化"。

在本书中,查理·波特通过阐释81位20世纪艺术家的服装,精妙地揭示了这种既共生又对抗的辩证关系——当草间弥生的波点裙装与其装置作品互相呼应时,当约瑟夫·博伊斯的毛毡西服成为观念载体时，服装便已超越其实用功能，演变为艺术家工作室美学的延伸。这些被凝视的艺术家大多受到20世纪初前卫艺术运动的影响，而前卫艺术运动的参与者又受教于文艺复兴时期的先哲们——他们不甘心囿于某种创作媒介，试图利用尽可能丰富的媒介进行艺术实践。对艺术家而言，个人服装时而成为展现工作室产品气质的"包装纸"，时而成为展示艺术观念的材料，甚至其本身就是被艺术家创作出来的一类作品。对美术馆策展人和杂志编辑而言，这些服装既是可供阅读的文献，也是招揽那些想听故事的观众的绝佳展品——它们似乎比艺术家创作的那些深不可测的作品更易于理解。

得益于作者作为策展人、记者和讲师的丰富实践经历，本书用笔春秋，钩玄提要。

对我国读者而言，本书中描绘的时代与当下社会有着奇妙的共振：社交媒体与电商平台上涌现出了一些教导消费者"如何穿得像艺术家和策展人"的讲师，以至于一些策展人接受采访时不禁强调"我穿这个品牌的衣服是因为穿它使我更像一位策展人"——所有人的着装都为了追求"像"而非"是"。

本书的第二章通过对10位艺术家（包括3位女性艺术家）的服装进行分析，以专题的形式阐述了"白人男性西装"这一男权社会象征自20世纪60年代以来所引发的艺术反思。读者如有兴趣，可自行查阅各美术馆的男领导们身穿双排扣西装、交叉抱臂、目光睿智的形象照——我们目睹的不仅是服装语义的异化，更是文化权利的产生机制在当代的显影。当下，展示着完美身体形象的广告无处不在，其诱惑令人无法抗拒。服装品牌纷纷投身其中，似乎都想通过宣扬个性而使其服装成为目标消费群体的"制服"，从而完成服装销售指标。这类似于策展人把艺术家的作品纳入策展方案后，就开始思考将美术馆门票卖给谁或者如何把美术馆打造成富有活力的多场景消费空间。

在时尚和商业繁荣的时代，各类创作者的能动性与观众的文化期待共同构成了协作过程中的合力与张力。对此，作者提示我们"时尚和艺术之间的良性联系往往来自设计师与艺术家之间的友谊"，这种友谊能够缓解"艺术作品是一种商品，是一种奢侈品"这类观念使消费者产生的紧张，助力构建和谐社会。视觉文化总有一种超越重复的日常生活的可能性，愿本书成为更多读者与时尚、艺术建立友谊的通道。

尤洋

策展人、X美术馆馆长

推荐序二

说到艺术家怎么穿，我的脑海里最先出现的是身穿墨西哥人引以为傲的特瓦纳裙的弗里达·卡罗——她的形象像一个符号，经典又醒目。在她去世 70 年后，奢侈品品牌迪奥以二零二四早春成衣系列向她致敬，每位服装模特的眉毛都被画得长而浓，头发都被扎成具有墨西哥风情的粗麻花辫，她们身上的裙子、刺绣上衣和无处不在的蝴蝶元素令她们看上去仿佛是从画作里走出来的弗里达……

不过，那些灰色的男士西装三件套呢？

弗里达在 19 岁时穿过它们。穿着男士西装三件套的她看起来与传统女性格格不入，展现出一种位于固有认知之上的独立精神。1939 年，弗里达与丈夫迭戈·里维拉离婚。随后，她毅然剪去长发，收起裙装，再度换上西装，并创作出了经典的《剪掉头发的自画像》，仿佛在宣告新的独立，并与过去诀别。

是男装给予了她反抗的力量吗？作为男性符号的西装对女性而言究竟有着怎样的意义，又象征着什么？

服装脱离原始的遮羞功能后，就成了人们构建身份、传递思想及诗意地反抗世界的工具，这一点在艺术家身上表现得更加显著。19世纪初，艺术变成一种日常经历，艺术家自己经常出现在作品中，服装成为表达某些概念性想法的载体，穿搭成为艺术创作的延续。

因此，我会记得"波普教父"安迪·沃霍尔通过每天更换假发让自己的人设充满不确定性，也会记得"美国现代艺术之母"乔治亚·欧姬芙以黑白服装反抗维多利亚时代服装的华丽束缚，用极简主义的穿衣风格拒绝男性对女性身体的色情化解读。而同时，永远戴着"水貂睫毛"的雕塑家路易斯·内维尔森的着装风格则与其硬朗、现代的雕塑风格截然不同，她喜欢奇特的大珠宝、宽大的皮草大衣及各式各样的帽子，它们风格强烈，极其吸睛。她曾说："我每次搭配服装都是在创作一幅画。"

阅读本书的过程正是一层层揭开艺术家的创作与思考之谜的过程，我们会了解他们的着装哲学，也会了解服装如何成为表达自我的载体。本书的作者查理·波特拥有多重身份，他除了是作家、策展人外，还是《GQ》杂志前副主编，并且曾于2019年担任全球当代艺术重要奖项——特纳奖的评委。这些身份使他能从多个角度看待服装这一命题，他将路易丝·布尔乔亚、约瑟夫·博伊斯等数位先锋艺术家与西装、牛仔服、工作服这些服装联系在一起，因此本书叙述的不仅是时装的故事，更是艺术的故事、人性的故事。

探索艺术家的衣橱是一种关于美学与精神世界的行

为艺术。每一件衣服都值得被看见,它们都是未被装裱的作品,沉默地讲述着动人的故事,并承载着与艺术同样深邃的叙事价值。

曾焱冰

作家、媒体人,曾任《服装与美容VOGUE》杂志编辑部主任

推荐序三

　　服装，堪称身体语言的放大器。无论是在东方还是在西方的文化基因里，穿衣都从来不只是为了御寒、蔽体，它更是一场永不停歇的自我书写。一针一线的缝制勾勒出时代的灵魂，将服装打造为贴身的艺术作品，而人体便是这世间最自由的艺术馆。许多艺术家的服装与其艺术作品、人生轨迹之间往往有着隐秘而深刻的"互文关系"。他们的衣着不仅是个人审美的外化，更是时代精神的切片与文化符号的载体。

　　在本书中，艺术家们通过行为或语言揭示了服装如何成为他们创作与生命的延伸。本书以艺术家为切入点，深入当代艺术领域，向艺术家们追问，引导读者重新凝视服装哲学与世界艺术。服装诞生于设计师的艺术审美、匠人的织造技术与服装穿着者的"灵魂三重奏"之中。每一位艺术家与服装的故事都是他们的艺术创作与内心想法的形象表达。服装既是身体的庇护所，又是文化的密码本。

　　服装与美是无国界的。从剪裁西装到宋制汉服，从牛仔布到扎染布，从服装上的染料到敦煌飞天壁画上的颜料、从艺术作品中的服装到文学作品中张爱玲写的那句"我们各人住在各人的衣服里",都展现出服装作为文化容器与个体身份象征的双重性。

在关注外国艺术家的服装对我们的启发的同时,我们也应对东方服装代表人物多些敬意。

东方的艺术与服装从未停留在形制与纹样这些表层上。从孔子"服周之冕"的礼制理想,到今日设计师以衣为笔书写时尚与文化,服装的内涵就藏在每个穿着者的呼吸与步履之间。

在本书中,每个故事都会让我联想到东方服装是如何表达人们内心想法的。让我们在走进各位西方艺术家的服装与艺术世界的同时,也走进东方服装代表人物的世界吧。

一辈子"砚耕不辍"的齐白石身穿粗布长衫、脚踏草鞋、头戴毡帽,终其一生拒绝穿戴绫罗绸缎。

用只言片语就写尽人间苍凉的张爱玲痴迷于定制旗袍,尤爱色彩对比强烈的桃红与葱绿,领口常戴古董别针。她衣着的艳丽与文字的冷冽最终凝成永恒的悖论。

你如果觉得他们的时代离我们太远,那不妨将目光投向与我们身处同一时代的艺术家。

你可以看看常年身穿定制中山装,将纽扣严谨地扣至领口的徐冰。他与中山装这一"去个体化"的服装形成了一种微妙抗衡——他既遵从集体主义美学原则,又以艺术创作颠覆符号系统。

你也可以看看在纽约大都会艺术博物馆慈善舞会中以"京剧黑凤"造型登场的李宇春,以及为电影《卧虎藏龙》设计出飘若云霞的武打戏服的叶锦添。

以上提到的艺术家们都在重复阐释一个古老命题:衣与人互为镜像,每一个阶段的自己都值得珍惜。

舟舟谦成

明星造型艺术家

推荐序四

上中学的时候,我一直用书包背着一双军靴,那是我用省下来的早餐钱买的。我们学校门口经常站着一位训导主任,他专门检查学生是否穿校服或衣冠不整。早上入校时,我难免与他四目相对,被他审视的感觉让我不再想吃早餐。每天放学时,我都会脱掉校服,换上那双军靴,并把裤脚扎进其中,骑着自行车冲向旱冰场,真实的自己这才出现。

上大学后,我开始玩音乐、做装置作品、表演行为艺术和谈恋爱,那时候我的衣柜里最多的是飘逸的棉麻大衣与复杂的叠穿衬衫。我每天都在做自己喜欢做的事情,总是穿着让自己尽可能显得与众不同的衣服,并乐此不疲。当然,我还是不吃早餐,以省下钱买我喜欢的衣服。

现在的我接受过胆囊切除术,这可能是因为我长期不吃早餐吧。我的每一件演出服都是自己挑选或设计的,我平常最喜欢穿的衣服是长大衣,衣柜是我的家里占地面积最大的家具,我还推出了一个自己的服装品牌。

我一直认为,审美这件事情是从"审自己的美"开始的,穿衣是为了取悦自己而非取悦别人。我们生来孤独,而服装就像是我们的一个分身。对穿着的追求就是对摆脱孤独的追求,但即便如此,我们仍永远爱孤独的自己。

如今读到本书,我恍然发现那被我扎进军靴的裤脚、缝满暗袋的衬衫、垂坠过膝的大衣,原来都是对抗庸常的武器。本书中,那些在街头游荡的褶皱西装、沾染颜料的工装围裙,分明是发射于不同时空的同类暗号。作者将服装拆解成流动的装置作品,那些被我们穿在身上的布料,不仅是皮肤的延伸,更是灵魂的拓印——正如当年我骑着自行车冲向旱冰场时,靴底与地面摩擦出的每一道划痕都是一份追求着装个性的宣言。

本书就像是一面棱镜,折射出了服装与艺术家之间隐秘的联结。本书收录了81位艺术家的着装档案,与其说它是一部穿搭指南,不如说它是一份以布料为载体的精神解剖报告。此刻,我的衣柜正在发出共鸣般的簌簌响动,那些悬挂着的织物终于等来了能读懂其密语的知音。

刘堃

音乐人、低苦艾乐队主唱

目录

序言	003
路易丝·布尔乔亚	013
剪裁西装	025
让-米歇尔·巴斯奎特	051
工作服	059
莎拉·卢卡斯	085
牛仔	095
妮可·艾森曼	129
服装上的颜料	141
约瑟夫·博伊斯	175
艺术中的服装	187
马丁·西姆斯	233
时尚与艺术	247
夏洛特·普罗杰	287
休闲装	297
致谢	345

序言

5月,星期三,夜。

适逢国际艺术盛事威尼斯双年展开幕,泰特美术馆[①]在威尼斯举办了一场鸡尾酒会。酒会邀请函上写着"着装要求:商务套装(Lounge suit)"。根据礼仪顾问德倍礼公司[②]的释义,这对男士来说指"搭配衬衫、领带的西装",对女士来说则指"正式裙装或酒会礼服(需有袖子或搭配外套)"。

鸡尾酒会设在圣洛可大会堂,这里的墙壁和天花板上布满了16世纪艺术家丁托列托的巨幅画作。

泰特美术馆的董事长和总监正在大厅前方演讲,艺术家夏洛特·普罗杰穿着白色长袖T恤衫站在大厅后方。5个月前,她刚获得了特纳奖——此奖由泰特美术馆颁发,是艺术界最负盛名的奖项之一。

在普罗杰附近,站着一位特纳奖的前获奖者——海伦·马登,她身着黑风衣、白衬衫、蓝工装裤。马登的朋

[①] 英国知名美术馆,下设泰特现代美术馆、泰特不列颠美术馆、泰特利物浦美术馆、泰特圣艾夫斯美术馆。——译者注
[②] 英国礼仪公司,创立于1769年,其创始人曾撰写过第一本英国贵族年鉴。——译者注

友马加利·雷乌斯也在现场，她在不久前刚被赫普沃斯雕塑奖提名，此时穿着丝绸衬衫、牛仔裤和运动鞋。

曾被特纳奖提名的安西娅·汉密尔顿穿着一件层层叠叠的亮片礼服，不过这可绝非什么"正式裙装或酒会礼服"，后来她形容自己穿的是"爱德华时代"①的服装。她的礼服下面是一双运动鞋，因为室外下着倾盆大雨，所以她还加穿了一件长款大衣。

站在几米开外的是本年特纳奖的提名者海伦·卡莫可，她穿着灰T恤衫、运动裤、运动鞋。

这是当今极其重要的5位女性艺术家。她们在男权制的社会和艺术界中生活、工作，虽然她们的作品竭力反对这种现状，但她们仍被期望顺应于此。她们的着装将这种紧张的抗衡表现得淋漓尽致。

那么，倘若回顾艺术家们在过去几十年里所穿的衣服，我们能否了解他们创作作品时所处的环境？艺术家们的衣柜能否诉说他们对社会文化和意识形态的态度——是勇敢反抗，还是顺从接受？更进一步，让我们试着打开自己的衣柜，扪心自问："这些衣服代表着我的何种态度？"

服装是一种无声的语言，讲述着我们自己的故事。

---

① 指英国国王爱德华七世在位时期。——译者注

你此时所穿的衣服传达着你的身份、你的想法、你的感受。这超越了时尚的局限：它们在每天、每时、每刻，都是你的信仰、情绪和意图的表征。多数时候，我们是依从直觉的：为了给人留下深刻印象，我们刻意整理衣着；在感到忧郁时，我们用宽大的衣服包裹自己；在赶赴约会前，我们精心、认真打扮。但是，我们往往很难认识到服装承载的意义。我们只是将它们穿在身上而已。

许多上班族都会在穿着方面做出妥协，以收敛个性。在职场语境下，服装承载着各种社会意义：追求权力、展露野心或表示顺从，展现傲慢或表达谦逊，以及暗示压抑和剥削。和男性相比，女性选择职场着装往往更加困难。

艺术家的生活方式则有所不同。他们无须在办公室内工作，这打破了朝九晚五、工作日和周末的生活节奏，在无形中持续推动着他们进行自我表达。艺术家自己为自己创造工作环境，其工作室就是自成一体的独立世界；艺术家的作品既可以质疑一切存在，也可以强调共同价值。服装可以成为艺术家进行实践的工具，表达他们对另一种生活方式的向往，抑或对自身现状的认同。

人们总是崇尚艺术家的个人风格。例如，我有些朋友会在镜子周围钉上一圈儿乔治亚·欧姬芙、芭芭拉·赫普沃斯的照片,以期从中获得灵感;时尚公司则经常利用这些照片仿制艺术家的服装,并将其"投入"无尽轮回的时尚潮流里。

因为艺术家的作品非常具有视觉创意,所以他们自然对服装有很独到的眼光,这听起来似乎很合理。但是,一旦我们深入观察就会发现,这件事远不止这么简单。艺术家穿什么,并不仅仅取决于他们对服装的审美。

只把艺术家当成一个风格符号,就等于把他们从工作和生活中剥离出来。

进行艺术创作并非易事,追求艺术是一种孤独的求索。无数艺术家一生籍籍无名,直至晚年,甚至离世,才被大众所认可。但对很多艺术家而言,作品本身被认可无疑比自己被认可更重要。这一点从艺术家的服装上也能窥见一斑——艺术家的服装展现着这种无畏与专注。

画作和雕塑记录着人类和大自然,记录内容既涉及人类的行为,也涉及人类的服装及其面料。其中,服装一直是艺术的重要主题,千年来经历了一系列的流变。

在阿尔及利亚的阿杰尔高原上的洞穴壁画中,有一个行走者双手持着长矛,下半身穿着类似裙装的服装。据考证,这里的有些壁画自完成至今已有一万年之久。

下面这件雕塑是米开朗基罗于1498—1499年为梵蒂冈创作的《哀悼基督》。在此雕塑中，象征着母亲的圣母被布料过度包裹，而受人敬仰的男性则近乎赤裸。

接下来，我们来看一下约翰内斯·维米尔创作的《戴珍珠耳环的少女》。在观看这幅画时，我们实际上看到了

什么？画布中的大部分空间并非用于描绘少女或耳环，而是用于展现她服装的质感。进一步说，布面油画的本来面目就是一块布料。

到了 20 世纪，传统的艺术形式逐渐被超越。下页这张照片中的是索尼娅·德劳内在 1913 年设计的《同时裙子》（*Simultaneous Dress*）的正面和反面。

至此,服装成了可穿戴的艺术品。

在此后的几十年里,艺术变成了一种日常经历。艺术家自己经常出现在作品中,其穿着也变得重要。服装被用来展示或表达某种概念性想法,可以在雕塑作品、装置作品、影像作品或虚拟世界中出现。

同一时期，我们与服装的关系也彻底改变。正式的着装规范开始瓦解，工作与娱乐之间的界限愈发模糊，面料的革新使服装变得更轻巧、更暖和、更易穿。现在，购物已经成为大众的一种休闲活动。快时尚商品投产制造，价格低廉。此时，整个服装行业和消费者都蒙上自己的双眼，忽视那些制衣者遭受的困苦与不公。

艺术和时尚的种种变化看似是携手并进的。那么，我们是否真的迎来了自由？

艺术行业仍由男性艺术家主导。2019年上半年，在拍卖会上售出的艺术作品中，由女性艺术家创作的仅占2%。在伦敦的商业画廊里，68%的代表艺术家是男性艺术家。

与此同时，时尚却被居高临下地视为女性的追求。看看大多数报纸的时尚版块吧！我们会发现，一般而言，时尚指的就是女性服装。然而，当下两大主要奢侈品品牌集团的老板都是男性，他们都从女性的消费中获利。

我当了20年时尚记者，写的文章大部分与投产之前的服装有关。这意味着，我写的大多是那些只生产了一件精品、只由一个模特在华丽的时装秀上穿过一次的衣服。

在时装秀上展示的服装只为走秀服务，并未进行商业化生产。因此，要想写出穿着这些服装的感觉，只能依靠凭空幻想，这无疑是一种建立于臆想之上的时尚话语。

而在本书里，我想写一写投产之后的服装，它们被批量制造、被购买、被穿到身上，并由穿着者赋予意义。要想理解服装的语言，艺术家是很好的研究对象，因为他们拥有自由的风格，为表达自我而挣扎，其作品常闪烁着与权力结构抗争的精神之光。

不过，我可不是要神化艺术家，那多么无趣、多么虚假。假如把艺术家放在神坛上，我们将忽略他们个性中的复杂性。反之，我想深入了解他们的工作、他们的生活，以及他们的穿着。若把弗里达·卡罗的衣服当成神圣的遗物，我们会忽略她真实的人性；若用那种老生常谈的方法来描述她，我们对她的理解则会被限制。

如果我们能巧妙地利用服装，它们或许能发挥大用。因为我发现，当问及人们的穿着时，他们往往会开始说点儿其他事情：他们的生活方式、所作所为、所想所求。由此可见，谈论服装是一种了解、接近他人的方式。

研究艺术家的服装能使我们把他们当作活生生的人来对待。在打破对艺术家的神化后，我们就能打破由白人主导的传统艺术史叙事。由此，我们就可以重新审视服装的含义，从故步自封中解放出来。

我将从路易丝·布尔乔亚开始写起。这位艺术家的一生横跨了 20 世纪和 21 世纪。在她的大半生命里，其作品一直被忽视。在服装成为艺术载体的 20 世纪，布尔乔亚与服装之间有着至关重要的联系。

参观画廊时，你会在每件作品前真正停留多长时间呢？研究结果表明，每人平均只会停留 27 秒。然而就在这片刻之间，许多作品已能深入人心。

我们会在本书中邂逅许多艺术家，当他们齐聚一堂时，我们就会发现一个共同点——通常，艺术家会一直穿着同样的衣服，尤其是在工作时。这值得我们效仿，即只买自己需要的、能持续使用的衣服，并将其穿到不能再穿为止。

在写作本书的过程中，我有幸与艺术家理查德·塔特尔通过电子邮件进行沟通，后文收录了其中一些文字。他的语言优美，同时因深刻而令人难以捉摸。

在邮件往来中，他提到了尤金·阿杰特拍摄的一张照片。这位摄影师在 1927 年去世之前，一直用相机记录着世纪之交的巴黎。

塔特尔说："本书就像那张帽子店橱窗的照片[①]——它呈现了所有帽子，而非站在相机后的位置时会关注的那一顶。这不仅是一个时刻，更是通过镜头与照片实现的永恒不朽。"

---

① 见第 2 页。——译者注

路易丝·布尔乔亚
Louise Bourgeois

路易丝·布尔乔亚在煤气灶对面挂了一些衣服。如今，这些衣服仍在她位于纽约西 22 街的家里，她于 2010 年去世后，这里被保留下来。她的小厨房位于前厅和后室之间，里面有两个工业厨房用煤气灶，灶台后方的白色砖墙上沾有油污。这里挂着的大部分是白衬衫和其他上衣，这些都是她的日常着装，其中一件无袖的白色长衬衫上带着商标——MOTHERHOOD。

这里还有一些具有重大意义的衣服。在油锅的喷溅范围内，有一件用猴子皮毛制成的大衣。罗伯特·梅普尔索普曾为她拍过一张著名的肖像照[①]，这件大衣看起来像是肖像照里她穿的那件——衬衫领，领口处有一个扣子。显然，布尔乔亚有两件类似的衣服，因为据说肖像照上的那件大衣已经被送给了作家加里·印第安纳。我通过邮件询问后者："梅普尔索普拍的肖像照里的大衣，和布尔乔亚家里的大衣是同一件吗？"

"不是，肖像照里的那件在我这里呢。"

印第安纳是怎样得到那件大衣的呢？

---

① 见第 13 页。——译者注

某天,布尔乔亚对印第安纳说:"我想,你应该穿它一段时间。"于是,布尔乔亚就将那件大衣给印第安纳穿上了。

印第安纳至今仍保留着那件大衣,他说:"之前有人把它给洗了,因此它已缩水不少。"

衣服陪伴着我们,我们将其穿在身上、为其注入情感、用其记录创伤,因此丢弃衣服就如同舍弃回忆。布尔乔亚对此深有感触。

1911 年,布尔乔亚出生在巴黎的一个富裕家庭。自孩提时期起,时尚就是她生活的一部分。下面这张照片中的是 1913 年的布尔乔亚。

下面这张照片拍摄于 1925 年，照片中的她穿着香奈儿品牌的衣服。

此时，她的父亲路易·布尔乔亚已和家中的保姆萨迪·戈登·里士满有染。父亲在情感上的离弃对布尔乔亚的生活与作品产生了巨大的影响。布尔乔亚将服装作为自我精神分析的焦点，这成为她的艺术实践的显著特点。

20世纪30年代中期，布尔乔亚开始学习艺术，并参加群展。1938年，她与策展人罗伯特·戈德华特相遇、结婚，并随他移民至纽约。此时，虽然她创作了一些作品，也加入了艺术家群体，但人们之所以知道她，往往并不因为她是一位艺术家，而因为她是戈德华特的妻子。

1960年，布尔乔亚前往西德尼·詹尼斯画廊参加弗朗兹·克莱恩作品展的开幕式。在下面这张照片中，戴着珍珠项链的便是她。

布尔乔亚的身边围着一群人，其中有弗朗兹·克莱恩、马克·罗斯科、威廉·德·库宁等。此时，男性艺术家已经颇受艺术评论界关注，而艺术评论家的目光却并未望向女性。截至这张照片拍摄时，布尔乔亚已经7年没有举办过个展了。

在日常生活中,布尔乔亚的着装和她的悲痛、创伤、愤怒皆有内在联系。1961 年 1 月 2 日,布尔乔亚在笔记中写下了以下文字。

> 我像个傻瓜一样
> 几欲落泪——我的衣服
> 尤其是我的内衣,一直是
> 痛苦之源,因为它们
> 隐藏着难忍的伤口

这是她在服装中发现的意义。她将各类衣服尽数保留,正如她在 1968 年前后于一张纸条上写的那样——其中的"阿兰"(Alain)是她第 3 个儿子的名字。

> 保存衣服给予我极大的愉悦
> 我的裙子、我的长筒袜,我从未扔掉任何一件
> 20 年来,我无法与自己及阿兰的衣服分别
> 我的借口是
> 它们依然如新
> 这是我的过去,虽然
> 它早已腐烂,但我仍想将它带走
> 紧紧拥它入怀

1973年，戈德华特离世。此后，布尔乔亚仿佛挣脱了枷锁，她的作品变得更加雄心勃勃。她制作出了超凡脱俗的服装，并将服装作为行为艺术的一部分，这些服装与她童年时代穿的正统服装截然不同。

下面这张照片拍摄于1975年，布尔乔亚正站在自家门前，穿着她的软雕塑作品《阿文萨》(Avenza)。

此后，她仍在囤积衣服。1986年，她在一张活页纸上留下了下面这段文字。

非常非常难以处理的
所有今年不穿的衣服
它们代表了什么
失败，被遗弃

几年后，事情发生了变化。1995年，布尔乔亚把她的衣服从家里搬到了位于布鲁克林区的工作室里，并写下了以下文字。

卡车出现，带来震响
一个存放了20多年的衣柜主动地
离开了我的视线——纽带被切断，我感到
头晕目眩
衣柜的历史始于现在

突然之间，她的衣服成了用于创作作品的材料。她让服装展现出了自己的意义，这样即使主人离世，它们也不会被轻易丢弃。

这是一种解放。

1996年，她创作了《细胞（服装）》[*Cell（Clothes）*]。这是一个类似房间布景的装置作品，其中挂满了连衣裙、半身裙和长筒袜等，有些衣服里被塞满东西，让人感觉就像有人穿着它们。在一件白色外套的背面,布尔乔亚用红线绣上了一句话——"The cold of anxiety is very real"(焦虑之寒无比真实)。

衣橱被理净了。在生命最后的岁月里,她的衣服充分展现出了反叛的欢欣、满足与挑衅,这得益于一段新的友谊:1997年,她遇到了奥地利艺术家、时装设计师海尔姆特·朗。朗当时41岁,刚从维也纳搬到纽约。他的设计既严谨又有趣,集实用、精巧、性感于一体,这使他的名气逐渐攀升。

布尔乔亚在日记里提到了朗。

其中，海尔姆特·朗（Helmut Lang）名字中的"H"被写得很漂亮，线条舒展，顶端有笔锋。她似乎很为他着迷。

那么，在朗的回忆中，他们的初见是怎样的呢？自2005年退出时尚界以来，朗一直沉浸于艺术创作中，他从位于长岛的家里给我发来了邮件。

他写道："我第一次来见她时，她正站在联排别墅外的台阶上等着我。'你好，海尔姆特，欢迎！'她对我说道，然后吻了我。"

从此以后，布尔乔亚一直穿着由朗设计的服装。

"我和路易丝之间有着强烈的感情和无条件的信任，也许这是因为，如她所说，我们都是逃亡者。"他继续写道，不过没有用过去时，而用了现在进行时。

为了佐证这段友谊，让我们再回到她的家中，观察一下她的衣服吧。

她在室内墙上写了一些电话号码，还往椅子上加了一堆垫子给自己增高。这个家极富生命力，她的衣服同样极富生命力。

她的衣服分别挂在楼上和楼下的两个栏杆上。

让我们从楼下开始观察。在通往地下室的螺旋楼梯下方，有一个金属栏杆，上面挂满了衣服。这个栏杆被支撑在一个放满塑料箱的架子上，塑料箱中装满了折叠的布料，这些布料本将在后方的裁缝工作室里变成织物雕塑作品。她一直在创作作品，直至去世。

在一个衣架上，挂着一件由朗设计的加厚针织披肩。它本质上是一个缩小版的羽绒被，其中的羽绒填充物很多。它有两条细针织带子可以供手臂穿过，这使它看起来精致且奇特。由朗设计的这类服装总是既实用又不失时尚的巧思。有一群像布尔乔亚这样敏锐的"思想家"期待着他的实验性作品，这无疑推动了他的创作。

接下来，让我们前往楼上。在煤气灶对面的栏杆上，挂着一件由朗设计的黑色簇绒燕尾服外套。这是一件样衣，里标不知被谁写上了"look 62 Stephanie"（第62套 史蒂芬妮）的字样。后来，我翻遍了海尔姆特·朗品牌的T台走秀老照片，才发现在1998年9月30日于巴黎举行的1999年春夏时装秀上，第62套造型展示的正是这件衣服，名模史蒂芬妮·西摩负责展示它。

朗把这件珍品送给了布尔乔亚。

"因为我们是朋友，"朗写道，"我们会在某些场合中互送礼物。她甚至为我做了一个特别的雕塑，那个雕塑是房子形状的——房子象征家庭，上面写着'WE LOVE HELMUT'（我们爱海尔姆特）。我则回赠了她一些奢华的衣服，在需要拍照、前往特殊场合或会见在意的人时，她很爱穿这些衣服。"

在同一个栏杆上，还挂着一件她常穿的由朗设计的超大号羊皮大衣。下页这张照片记录的是2005年布尔乔亚在家中穿着这件大衣的场景,当时她已经93岁了。

　　服装承载着她的孤独、悲伤、痛苦与挫败感的重量。

　　在她的一生中,衣服最初是装饰性的,而后是实用的。当她走到生命的尽头时,衣服成了一种解脱与释放。

剪裁西装
Tailoring

那是一个初夏的夜晚，我正坐在 67 路公共汽车的上层。汽车从金斯兰高街行驶而过时，我望向窗外，突然发现吉尔伯特·普勒施和乔治·帕斯莫尔走在路上。他们路过一间名为达尔斯顿超级商店的酒吧，可能要去土耳其餐厅——曼加尔 2 号用餐，那是他们最喜欢的餐厅之一。

夏季的热浪袭来，但二人仍穿着厚重的粗花呢西装套装。

自 20 世纪 60 年代末成为艺术二人组以来，他们一直在穿这类服装。附近任何年龄、任何性别的人都没有穿成这样，即使在 70 多岁的男性中，他们的打扮也十分显眼。

剪裁西装一般被认为是男性的常规着装，那么为何他们看起来如此不同？

要想知道艺术家为什么穿成这样，我们必须先打破对剪裁西装的认知局限，忘掉它所扮演的社会角色。

1960 年 3 月 9 日，31 岁的法国艺术家伊夫·克莱因在巴黎举办了一场名为《蓝色时代的人体测量》

（*Anthropométrie de l'Époque Bleue*）的行为艺术展。在展览中，他大胆地使用人体进行创作，因此这场展览被视为20世纪艺术的里程碑之一。2年后，克莱因死于心脏病。

在现场进行创作时，克莱因指挥3名裸体女性模特在身体上涂满蓝色颜料。这种蓝色是他自己创造的颜色——国际克莱因蓝。然后，模特以身体为画笔，在纸上、地板上和墙壁上涂抹作画。

在整场展览中，克莱因一直穿着无尾礼服[①]。

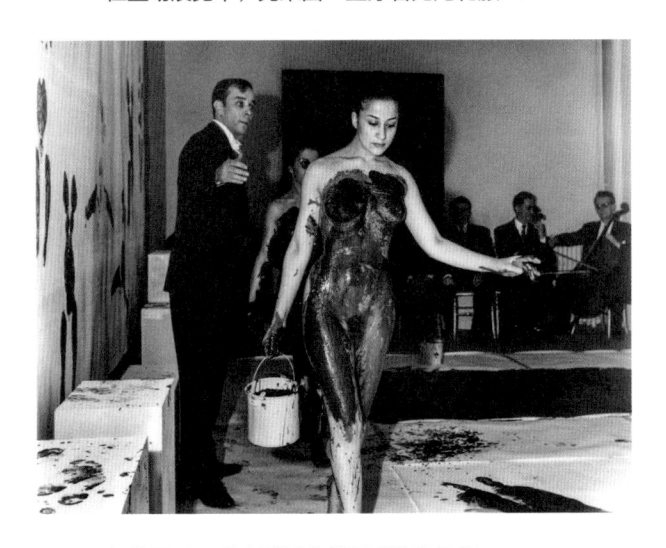

与此同时，观众则都穿着正式的晚礼服。

---

① 亦作塔士多礼服或无尾燕尾服。——译者注

"如此，我便可以保持干净，"克莱因说，"我不必再被颜料染脏，甚至连指尖都不再沾上一丝颜料。在我的指导下，在模特的绝对配合下，一件作品在我的面前被完成了。这样，我就可以用一种庄严的方式向它的诞生致敬……"

他选择穿无尾礼服不是突发奇想。几个月前，他在位于巴黎的工作室里进行过一次尝试。下页这张照片中的便是克莱因，他蹲在地板上，手边是其作品《海伦娜》（*Héléna*），一位女性的身体移动的痕迹通过颜料显现出来。克莱因穿着的就是定制的无尾礼服，礼服的剪裁简洁、利落。在他的后方，一位身份不明之人穿着做工普通的裤子，二者的着装形成了有趣的对比。

在 20 世纪中期的巴黎，对另一位心态紧绷的艺术家来说，剪裁西装也扮演着独特的角色。

这位艺术家便是阿尔贝托·贾科梅蒂，他将全部的身心都献给了创作，并完全陷于自己制造出来的脏乱之中。1922 年，这位出生于瑞士的艺术家搬到了巴黎。他那些瘦骨嶙峋的雕塑作品和风格强烈的画作使他获得了巨大的成功，但他仍然住在脏乱的画室里，把法郎现金随意地塞在床下。

他的脏乱不只是物质上的，还是精神上的：他在精神上虐待常为他做模特的妻子安妮特。

"我毁了她，我毁了她，我毁了她。"他说。

尽管如此，他仍一直穿着体面的男装：粗花呢外套、法兰绒长裤、衬衫及领带。

贾科梅蒂去世后，曾为他拍照的詹姆斯·洛德成了他的传记作者。洛德写道："阿尔贝托的衣服是他个性的一部分，与其说那是一套衣服，不如说那是一种精神状态。"他的话证实了一件事，即贾科梅蒂的造型总是一成不变：灰色或棕色的粗花呢外套，宽松的、过长的灰色法兰绒长裤。

显然，这些衣服并不是为他量身定做的。无论是在工作还是在休息，西装都一直陪伴着他。即使贾科梅蒂的手肘为了创作而深陷黏土之中，他仍然穿着粗花呢外套。在大众的认知中，西装的魅力在于它的利落和整洁，而贾科梅蒂并不需要通过利落和整洁来展现自己的影响力。

既然他这么不在意穿着，那我们能否忽视他的粗花呢外套？毕竟那只是一件皱巴巴的旧西装外套，对吧？

他穿西装背后的意义，不在于西装是否利落和整洁。

贾科梅蒂对服装的选择，和他的创作规则一样明确。在他的雕塑作品中，男人们在行走，有明确的朝向，被赋予动作和自由，而女人们则站在原地，双臂紧贴身侧，没有动作，亦无自由可言。

在法国，女性直到1944年才获得选举权。早在1919年，就有一项关于女性享有选举权的法案被提出，但法国参议院反复阻挠了它25年。与此相对，法国男性在1848年便获得选举权，比女性整整早了96年。

贾科梅蒂的画作中经常出现的一个模特便从未享有选举权，那就是他的母亲安娜塔。安娜塔住在瑞士的斯坦帕，此处的女性在1971年才获得选举权，而安娜塔于1964年去世，比她的儿子早去世了2年。

同样在法国，禁止巴黎女性穿长裤的法律在2013年才被废除。这是一项于法国大革命时期出台的法律，目的是防止女性加入无套裤汉①运动。1909年，这项法律被重新修订，女性被允许在手握自行车车把或手持马缰时穿长裤，如果在其他任何情况下想穿长裤，需要事先征得警察的同意。

西装并不是不带感情色彩的。当商务人士、权威人士穿上西装时，我们对其含义了然于胸：西装象征着他们的权力，且通常是男性的权力。这种场景无处不在，早已在我们的脑海里烙上了印记，然而西装的起源却很少被提及，这是在隐藏什么吗？

接下来，让我们简单回顾一下西装的起源吧。

剪裁得体的西装是英国贵族的服装，从17世纪和18世纪男性的骑马服和行军服演变而来。英国贵族作为统治阶层，通过奴隶贸易攫取了财富和权力。17世纪末，在乔治三世统治时期，男性贵族的服装变得轻浮，往往饰有褶边。在19世纪初的伦敦，社会名流乔治·布莱恩·布鲁梅尔摒弃那些繁复的服装元素，开始从城中的裁缝那里定制简约而优雅的服装。可以说，要是没有布鲁梅尔，现代西装就不会出现。

---

① 法国大革命时期贵族对平民的称呼。当时的贵族男子多穿紧身短套裤，膝盖以下穿长筒袜，而平民则多穿长裤，不穿套裤，故名无套裤汉。——译者注

1832年,英国的《1832年改革法案》对拥有财产的男性赋予了投票权。下面这幅乔治·海特的画作描绘了下议院在这项法案通过之后举行第一次会议的场景。你能看出发生了什么吗?布鲁梅尔创造的那种颜色单调、板型挺阔的西装,已经化为昭示权力的新装。男性、白人、西方的权威被"缝锁"进西装之中,他们所在之处仿佛成了世界的帝国中心。

西装拥有很多优点,如它的设计很符合人体工程学原理。着眼于这些实际意义,确实容易让人忽略西装背后关于权力的象征意义。但是,这种象征意义无法消除。

让我们回到关于贾科梅蒂的话题。

贾科梅蒂的上衣因宽松的板型、陈旧而柔软的布料、肆意的松弛感而显得别具风格,并与宽松的裤子形成一种平衡。下面是 1950 年贾科梅蒂在工作室门口的照片，他看起来很棒。

除了上述两位艺术家外，还有一些艺术家也爱穿西装。非裔艺术家查尔斯·怀特生于芝加哥。怀特的母亲是一名家庭佣工，独自抚养怀特长大，在白天工作时，她会把小怀特带去美国芝加哥公共图书馆。怀特在那里读书、写字，很快就显露出了学习与绘画的天赋。

14岁时，怀特加入了由非裔美国艺术家组成的协会——芝加哥艺术与手工艺协会，成了其中最年轻的成员。1940年，20多岁的怀特参与创办了芝加哥南岸社区艺术中心。据说，这是那个时代最重要的非裔美国艺术家组织。他在那里任教，负责教授人物写生课程。

下面这张拍摄于1940年或1941年的照片不算清晰，但它是证明非裔美国艺术家群体在这个城市日益壮大的重要资料。

站在学生面前的就是怀特，他穿着西装和衬衫，打着领带，这身穿着赋予了他超越当下年龄的权威。

如今，怀特是一名公认的知名艺术家，在20世纪的美国艺术界拥有一席之地。他为许多非裔美国人画下了大胆的、饱含情感的、人性化的政治肖像。同时,他一直是一名教师。可以说,他既是艺术创造者,也是艺术教育者。

在纽约生活几年后,怀特在医生的建议下,于1956年搬到了加利福尼亚州。第二次世界大战期间,他在美国军队中染上了肺结核。1965年,他前往位于洛杉矶的奥蒂斯艺术与设计学院任教,他的学生包括大卫·哈蒙斯、尤利西斯·詹金斯、克里·詹姆斯·马歇尔。马歇尔曾评价他道:"我在他的身上看到了通往伟大的道路。"

搬到西海岸后,怀特的穿着更加休闲了。下面是1977年,即怀特去世的2年前,肯特·特威切尔为他画的一幅肖像画。画中,他把西装外套穿得像开襟毛衫一样随意。

那么关于女性的西装呢?

20世纪40年代,美国艺术家乔治亚·欧姬芙开始穿西装。当时她50多岁,在纽约和新墨西哥州两地生活。最终,她在新墨西哥州定居。她穿的西装是定制的,一般由男装裁缝根据她的身材剪裁而成。这些西装是她的"进城服装",顾名思义,即她去大城市时穿的服装。

1944年2月10日,欧姬芙给当时的美国第一夫人安娜·埃莉诺·罗斯福写信,以对《纽约时报》中一篇题为《第一夫人反对平等权利计划》的新闻报道做出回应。那时,安娜·埃莉诺·罗斯福宣布反对《平等权利修正案》,因为该修正案将保证男女拥有平等权利,而她担心这会使在工作场所保护女性的法律消失。

欧姬芙强烈反对安娜·埃莉诺·罗斯福的观点。"《平等权利修正案》会将人人平等写入我们国家的最高法律,"她在信中写道,"而如今女性没有这项权利,我认为女性只被当成半个人来对待。"

欧姬芙继续写道:"权利与责任平等是一个基本理念,自女性和男性出生起,就会对他们产生非常重要的心理影响。这个理念可以在很大程度上改变女孩对自己在世界上所处地位的看法。我希望每个孩子都能产生对自己国家的责任感,我希望他们未来想要踏进的任何一扇选择之门都不会因为性别而被关闭。"

然而,这位第一夫人永远不会支持《平等权利修正案》,它也并未在美国被通过。

直到欧姬芙去世的 3 年前,她一直在购买定制西装。下面这张图中的是 1983 年她从纽约男装裁缝埃姆斯利那里定制的西装。那年她 96 岁,这是她生前的最后一套西装。

这套西装的设计很精简:外套口袋上面没有袋盖,里面的马甲拥有一个实用的圆领。对一个年近百岁的人来说,这种剪裁再合适不过了。

这是符合人体工程学原理的典范服装,是符合"人穿衣服"而非"衣服穿人"的理念的设计作品。要是我们能单纯地欣赏西装,而不必承认它象征权力的言外之意就好了。

如上文所述,西装诞生于男性的权力,由男性的骑马服和行军服演变而来，并未涉及相应的女性叙事。女性的骑马服源自男性的服装，并且女性没有行军服，因为直到 20 世纪都鲜有女性参军。可以说，女性西装是由男性西装演变而来的。

任何穿西装的艺术家，无论性别、地位如何，都必须直面西装象征男性权力这一固有现状，他们无可逃避。但如何探讨、利用或挑战它，取决于艺术家自己。

对喜欢在作品中展现自我的艺术家来说，西装是首选的自我表达工具。墨西哥艺术家弗里达·卡罗在青少年时期便穿上了西装，以示反抗。在下面这张全家福中，她穿着西装三件套，更倾向于展现出男人的状态，与旁边几位穿裙子的女人截然不同。

上页这张全家福拍摄于 1926 年，在 1 年前卡罗刚经历了严重的车祸。在那场车祸里，她的肋骨、腿部、锁骨、盆骨都发生了骨折。在不久后的 1928 年，卡罗与艺术家迭戈·里维拉相爱，并在 1 年后结婚。

婚后，卡罗很快脱下了西装，换上了墨西哥人引以为傲的传统服饰——特瓦纳裙。里维拉很喜欢卡罗穿这种裙子，他自己则穿西装。

他们的婚姻生活充斥着动荡。在双双出轨后，二人于 1939 年离婚。1940 年，卡罗画出《剪掉头发的自画像》(Self Portrait with Cropped Hair)，自画像中的卡罗穿着里维拉的一套西装，周围散落着被剪掉的头发——里维拉一直喜爱卡罗的长发。

无疑，男装给予了她力量。但仔细想来，这又是凌驾于何物之上的力量？

不久后，她与里维拉再婚，她的衣橱里再度塞满传统裙装。1954 年，卡罗去世；1 年之后，墨西哥女性获得了投票权。

20 年后，纽约艺术家劳瑞·安德森开始将西装作为她批判权力的载体。安德森的作品包括音乐作品、表演作品和叙事作品，她的歌曲《哦，超人》(O Superman) 让她享誉全球。

她在 1982 年发行了首张专辑《大科学》(Big Science)，下图是该专辑的封面。

我给安德森发了一封电子邮件，询问她是从什么时候开始穿西装的。从她的回复时间来看，我以为她在纽约，但她的回复邮件显示"从某地发送"。

20世纪70年代初，安德森开始尝试表演行为艺术。她穿上白色长罩衫、白色宽松裤，并将其形容为她的"全白马哈拉吉时代"："我们穿白色衣服，因为我们是舞蹈团成员，是和平主义者，是最后的嬉皮士，或是以上所有角色。"

1978年，在一个为期3天的庆祝活动中，安德森首次于登台时穿上了西装。这个活动旨在庆祝"垮掉的一代"的代表作家威廉·巴勒斯回到美国，在此之前，他已在丹吉尔和伦敦生活多年。安德森参加这个活动时穿着一件燕尾服，燕尾服正面的下摆被剪裁得很短，后面的则很长。

她穿上这身西装是否与对抗权威有关？

"确实与此有关，因为这是一套定制的男士西装。"安德森写道，"我是主持人，负责介绍威廉·巴勒斯。巴勒斯曾经嘲讽权威，我这是在向他的做法致敬。"众所周知，巴勒斯出了名的爱穿西装。

对安德森来说，参加这个活动是她艺术生涯中的一个重要节点：她第一次使用变声器改变自己的声音，以降低说话的音调，让自己听起来像个男人。之后，这个虚拟角色被取名为权威之声（The Voice of Authority）。

1986年,安德森写道:"直到最近我才意识到,我扮演的这个角色基于我对男性最初的想法。"

在孩提时期,每当她感到不舒服时,父亲就会边唱歌边跳舞,试图让她开心起来。父亲所唱的歌词如下。

多么迷人啊!男人多么无忧无虑。

如此愉快!如此自由!

与之相对,女人则是经常下达命令的权威角色:"读这本书!快去吃饭!"

而男人对这些事情似乎并不关心。

如今,我用了很久才想明白,

这并不是真实世界的运行规则。

如今，安德森最可能穿的是她口中的"乡村格子衫"。

权威之声这个虚拟角色仍然存在，只不过它现在有了新的名字，即芬威·贝格蒙特（Fenway Bergamot），这是安德森已故的丈夫、摇滚歌手卢·里德取的名字。安德森对权威的观点一直没变："权威一直处于破产的边缘。"

男性也曾把西装当成颠覆传统的工具。

1967 年，美国艺术家保罗·泰克创作了一个自己的遗像雕塑《嬉皮士》（Hippie）。"嬉皮士"身着西装，躺在一个专门建造的坟墓里，被放置在纽约的马厩画廊。

泰克的朋友、美国摄影师彼得·霍加拍下了下面这张照片。

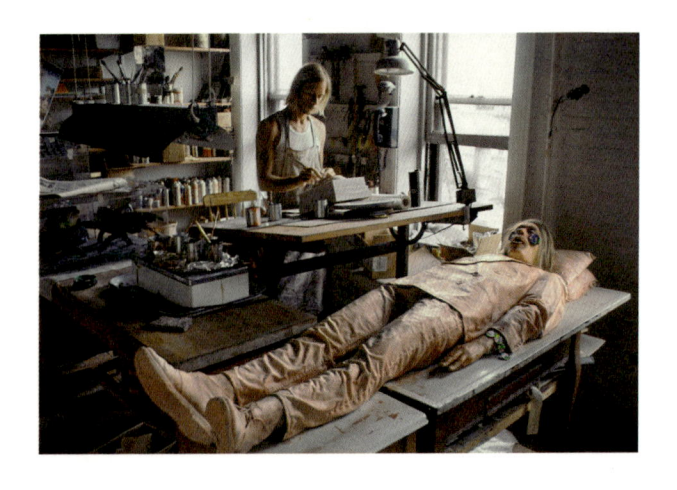

这张照片很有助于我们了解泰克，因为泰克鲜有作品存世，他的多数作品都在他生前被破坏、被丢弃、被销毁。早在 20 世纪 60 年代，泰克就已获得一些认可，但他发现自己和那时的艺术界格格不入——与彼时在售的艺术作品相比，他的作品过于感性了。

这句话似乎在说问题出在泰克身上。事实却是，那时的艺术界无法驾驭他的这种激进、充满质疑的思想。1988 年，泰克因艾滋病去世。

让我们再仔细看看上页这张照片。泰克的雕像"躺"着以供悼念，衣服是粉红色的。不过，"他"却伸出了半截舌头，这极大地削弱了悼念的仪式感。泰克站在旁边，穿着背心和围裙，正制作着另一个脸部模型。

泰克沉浸在各种想法之中——思考生与死、艺术家的角色，以及社会如何对待艺术家。他并不是顺从之辈。乍一看，这个雕像穿的是粉红色的西装套装，但细看后，我们会发现上装是一件双排扣外套，下装则是一条牛仔裤。通过这件作品，泰克表达出了对死亡的神圣性的蔑视，对控制人类由生到死的仪式的蔑视，以及对崇尚一些人、排斥另一些人的权力结构的蔑视。

颠覆西装的意义这一行为并非个例。

1969 年，吉尔伯特·普勒施和乔治·帕斯莫尔在伦敦写下了指导他们生活和艺术实践的《雕塑家法则》

(*Laws of Sculptors*)。法则的第一条简单明确:"始终衣着得体,仪容整洁,谦和有礼,掌控全局。"

自投身艺术伊始,他们的外表就是艺术作品重要的一部分,对《活雕塑》①(*Living Sculptures*)的存在而言更是至关重要。1971 年,他们在自写、自印的小册子《乔治和吉尔伯特的一天》(*A Day in the Life of George & Gilbert*)中写道:"我们穿上艺术这件战衣。我们穿上鞋子,迎接随后的行走。"

下面这张照片拍摄于 1991 年的纽约,他们在表演作品《唱歌雕塑》(*Singing Sculptures*)。

---

① 吉尔伯特和乔治二人的标志性作品。他们给自己的身体涂上颜料,伪装成雕塑,许多人将这种艺术表达归为行为艺术。——译者注

他们的穿西装法则既真诚又具有颠覆性。

先是真诚。"我们都是在战争时期出生的婴儿，来自一片荒原，"乔治说，"我们自认为是穷人，遇到重要场合时，比如去面试、去参加婚礼或葬礼时，就会打扮得体面一些。"

接着是颠覆性。"我们意识到，很多艺术家穿着古怪，或展现古怪的风格，以示自己是艺术家，"乔治说，"这使他们疏远了世界上90%的人，他们可能都进不了餐馆。为什么要刻意表现得奇怪呢？我们只想表现普通，表现普通的怪……"

乔治话音未落，吉尔伯特紧接着说："所以，我们显得不正常了！"

二人的西装不是一模一样的。吉尔伯特的西装有3个口袋：2个翻盖口袋、1个胸袋。乔治比较高，他的西装有4个口袋：除了3个常规口袋外，在右侧口袋的上方还有1个票袋，这在视觉上缩短了他躯干的长度。

这种差异佐证了他们的自我定义："虽然我们是一个艺术家组合，但我们是两个个体。"他们没有假装是同一个人，二人是绝对的个体，只是在为共同目标而创作。

他们以生活中的矛盾为乐。据说，乔治曾给英国的右翼保守党投票，他们对撒切尔夫人赞不绝口。但与这种保守矛盾的是，他们的摄影作品里出现过排泄物的图像。

二人长期住在伦敦东部斯皮塔佛德的富尔尼耶大街上，这里经历过数次移民潮的洗礼。他们的西装并不是在萨维尔街①定制的,而是由家附近的裁缝做的,这些移民裁缝住在伦敦金融街的外围,为那些想进入伦敦金融街的人制作西装。他们制作的是模仿"常态"的剪裁西装。

这片区域比较繁华,因为房租上涨挤走了很多当地人,所以我不确定那里还有没有裁缝,于是便给吉尔伯特和乔治发了邮件询问。他们回复道:"最初,我们有一位犹太裁缝;后来,换成了一位塞浦路斯裁缝;现在,我们的裁缝是一位藏族裁缝。"

如今,单排扣西装已被大批量生产,这标志着以往的权威逐渐落入平庸。许多艺术家都成功地表现出了这一点。

1988年,杰夫·昆斯将他的一系列雕塑作品命名为《平庸》(*Banality*),其中包括他的经典作品《迈克尔·杰克逊和他的猩猩泡泡》(*Michael Jackson and His Monkey Bubbles*)。

昆斯学艺术出身,后来去华尔街当了一名商品经纪人。利用这份工作赚的钱,他创作了第一批艺术作品,这使他从艺术市场中脱颖而出。

西装是他的日常服装,他借此营造出了一种荒谬感——穿着正式的服装,却进行着大胆的创作。

---

① 位于伦敦的一条街,以手工定制西装而闻名全球。——译者注

在上面这张照片中，昆斯摆出的姿势很常见。至今，昆斯还保持着在自己的作品前摆姿势、对着镜头做鬼脸的习惯。他通常身着乏味、昂贵、平庸的西装，而这种西装正是收藏他的作品的"蓝筹股收藏家"所喜欢的。

在展览开幕式或艺术博览会上四处走走，我们会发现多数男性工作人员都穿着成套的西装，这是一种很压抑的服装语言。虽然艺术行业有时喜欢激进的创作，但它有时也十分保守。时尚行业也是如此。T台服装的创意与自由，实际上是对真正销售的、大规模生产的世俗服装的妥协。

这便是西装的语境。在此语境下，让我们再去观察艺术家及其服装，以及那些试图在艺术和服装之中寻找个性和目标的人。

让-米歇尔·巴斯奎特
Jean-Michel Basquiat

许多报道都反复谈到让-米歇尔·巴斯奎特的西装，它们往往出自男性杂志的白人编辑之手，急切地想表现人种的多样性。然而，巴斯奎特并不是一个循规蹈矩的人，他与服装的关系复杂而直观——他既擅长二手衣服和高级时装的混搭，又热爱色彩、质地与布料的杂糅。在他和朋友安迪·沃霍尔的某张合影里，他把一半领带搭在了衬衫领子上。

让我们和他的好友、造型师凯伦·宾斯谈谈，她就是下面这张照片中的女性。1984 年，她和沃霍尔一同参加巴斯奎特作品展览开幕式的晚宴，从下面这张照片中可以看出，两位男性的穿着有明显的区别：沃霍尔穿着正式的晚礼服，巴斯奎特则穿着面料柔软的浅色外套。

宾斯和巴斯奎特是怎么认识的？

宾斯说："那是一个星期六的下午，在纽约东村第九街和第三大道的对角线街道上，我在一个诗歌朗诵会上遇到了让。哇，他看起来很酷。那我呢？我仍然记得自己当时的打扮，我还在想——天呐，希望自己看起来也很有特点。"

那天，巴斯奎特穿了什么呢？

"他戴着一顶橙色的毛线帽子，帽子下面是多到离谱的头发；他穿着两件颜色不一样的毛衣，毛衣颜色好像是灰色配青柠绿色或蓝绿色；他还穿着年迈的男人爱穿的宽松裤子，和一双颜色漂亮的运动鞋。我甚至记得他当时在读些什么。"

"我以为他是富家子弟，因为我认为一个黑人孩子不太会像他那样自信地四处走动，除非他有很多钱。然而，实际上，他可能无家可归。"

他们的第一次交谈发生在一个叫罗克西的俱乐部里。"他穿着一件快从身上掉下来的外套，内搭是一件漂亮的毛衣，裤子也像快要掉下来了，脚上穿的可能是一双旧人字拖鞋。当时可是冬天，我想，他这么穿是认真的吗？他在我的屁股上打了一巴掌，我也在他的脸上打了一巴掌。我说：'你怎么敢碰我？'他说：'你不知道我是谁吗？'我说：'知道，你叫让，你在冬天不穿袜子出门。'于是我就离开了。"

不过，二人的关系很快就回暖了。"再次见到他时，他穿着一件漂亮的双色破洞毛衣，内搭是一件随意选择的衬衫，下面是一条很宽松的裤子，他的头上还戴着一顶多彩的羊毛帽子。他走过来说：'我想请你喝杯香槟。'"

无论巴斯奎特在做什么，他都有一套独特的穿衣法则。"他穿着昂贵的衣服，身上沾满颜料，他总是这样。"宾斯说，"他大多数时候都穿Comme des Garçons（下文简称CDG）品牌的衣服，上面沾着很多颜料，还有烧过的痕迹。拖鞋简直成了他生活的一部分，他有很多祖辈爱穿的那种漂亮拖鞋，上面同样沾满颜料。我从没见过这么多套令人惊艳的服装搭配！衬衫随意扭着，围巾从身体某个地方搭上来，那是我见过最自然的造型。"

在下面这张照片中，巴斯奎特戴着宾斯给他买的帽子，旁边是艺术家弗朗切斯科·克莱门特。

让我们来对比一下二人的服装吧。从上页这张照片上看，克莱门特显得很拘谨，他把衣服扣子全都扣上了；巴斯奎特则穿着一件松松垮垮的西装外套，这件外套就像是来自异世界的服装，里面是一件格子衬衫，下面是一条格纹更宽的格子裤。

巴斯奎特穿的这件外套是什么牌子？"可能是CDG品牌的。"宾斯答道。

巴斯奎特曾在纽约包厘街附近的一个工作室里生活和工作。"他不拘一格的风格是故意为之的。他曾对我说：'我住在这里是为了提醒自己——我来自哪里。'我说：'你和我一样来自布鲁克林区。'他说：'不，我以前住在这条街对面的流浪汉收容所里。'他总给人一种无家可归的感觉。"

"他曾说：'我可能得睡在大街上，因此需要事先穿好衣服，以防万一。凯伦，我穿成这样，只需要1分钟就能出门。'"宾斯模仿着他的声音对我说道。

随意性和自信心贯穿他的生活。"还记得有一天，我去他家拜访，他穿上了一件漂亮的CDG品牌的新外套，以搭配自己穿了一整天的绘画服装，同时他依然穿着万年不变的拖鞋。他说：'太棒了，我很高兴你来了，我刚叫了一辆出租车。'"

"我丈二和尚摸不着头脑，问他：'什么意思？'他说：'我们一起去大都会艺术博物馆吧。'我说：'我可不能穿成这样去。'"宾斯那天穿着一件大了3个码数的宽松盖袖风衣,一条阿迪达斯品牌的运动裤,搭配一双布洛克鞋,并戴着头巾。

"他说:'不,你很酷,我们都很酷。我们很坏,是大坏蛋。'我问:'你要带我去大都会艺术博物馆?'他答:'是的,我要去参加晚宴。'我又问:'你是认真的吗?'他答:'是的。'于是,他就这样带我去参加了那个晚宴。"

宾斯认为,巴斯奎特的艺术作品和他的穿着是一致的。"在观看他的作品时,你会发现他组合颜色的方式就是他的穿衣方式,二者完全一致。"他能在任何地方进行艺术创作——在墙壁上涂鸦,在门板上绘画,他的衣服上沾满颜料,他的才思如潮水般不可遏制。

早在巴斯奎特突然成名之前,他的服装语言便已形成:大尺寸、不平衡、有节制的混搭。他发现,CDG这个品牌能够理解自己的服装语言。CDG是日本服装设计师川久保玲的品牌,品牌理念是"渴望创造新的形式"。1987年,该品牌在巴黎举办时装秀,川久保玲希望巴斯奎特在她的男装秀上担任模特。那年,宾斯当时的丈夫哈里正在纽约的CDG公司工作,于是川久保玲联系哈里,让他请宾斯去和巴斯奎特商量。

宾斯对我说:"我去找他,告诉他:'听着,川久保玲想让你参加她的时装秀。'他没有停下创作,回答道:'好的,反正我每年都要为这个品牌花10万块钱。'"

巴斯奎特抽着烟卷,与他们商定了酬劳,并提出了一个条件："你们知道还需要什么吗？你们也得来，并和我住同一家酒店，这是我的条件。"

随后他们一行人飞往巴黎。宾斯回忆道："在抵达酒店后，他给我打来电话：'凯伦，上楼来。'我上楼之后，他告诉我他已经收到了酬劳。于是，我对他说：'你现在必须前往时装秀了。'他说：'别担心。'接着，他在酒店里掏出一根烟卷抽了起来。"

巴斯奎特如约出席了时装秀。那天，他穿着一件双排扣西装，虽然多排扣服装的起源可以追溯到19世纪的西装，但他身上穿的这件却剪裁流畅且富有现代感。宾斯对此夸赞有加。

除了西装造型以外，他还展示了其他造型。例如，下面这件长款拉链夹克由飞行夹克改造而来，显得更加修身和正式。

如果所有西装都能有这样的旨趣就好了。一旦在设计上有所创新，那么西装就不再是一件重在展示权力的衣服，也就能延伸出其他意义。可惜的是，直到今天，西装和穿西装的人仍然占据着主导地位，仍以艺术家一直抵抗的方式展现其影响力，而艺术家也在寻找其他形式的服装进行反抗，这便是我接下来要讲的。

工作服
Workwear

本书的创作灵感源于一张艾格尼丝·马丁的照片。

1960年,亚历山大·利伯曼在马丁位于纽约的工作室里为她拍下了下面这张照片。这张照片让我着迷,马丁的举动和她穿的保暖工作服都吸引了我。

现代工作服或功能性服装是从工人的服装演变而来的。从前,工人的服装面料以羊毛和亚麻为主。19世纪,耐用、廉价的棉质成衣开始批量生产。如今,羊毛被制作成西装,工人则穿棉质成衣。

与此同时,随着工业的发展,工人越来越需要穿贴身、耐用的衣服,以便他们自如活动。随之而来的是,乡村风格服装中的荷叶边等元素逐渐消失。20世纪20至30年代，出现了用服装明确划分人群的概念："白领"穿西装、衬衫及打领带，"蓝领"则穿工作服。

功能性服装主打实用。然而，如今它已经成为时尚词汇，用来描述那些口袋较大、面料耐用的工装。为什么功能性服装如此有吸引力？为什么这个词能挑人心弦？

或许艺术家们能给出一些线索，因为对很多20世纪的艺术家而言，功能性服装是一种与社会主流生活方式背道而驰的替代着装。他们的生活可以引导我们审视自己的生活，让我们询问自己："我们有何"功能"？我们可以改变什么？"

1912年，艾格尼丝·马丁出生于加拿大的一个农村家庭，在2岁时丧父，母亲则对她疏于照顾。马丁在6岁时得了扁桃体炎，母亲给了她坐有轨电车的钱，于是她独自前往医院，做了手术，又独自坐车回家。

马丁成长于功能性服装批量生产的时代。她曾自述道，在成为艺术家之前，她为了谋生做过很多工作，如在工厂打工、在农场挤奶、帮忙收割小麦3次、做洗碗工3次，以及当服务员多次。她一直是一位工人。1947年，她自己建造了一栋房子。

直到中年，马丁一直身陷经济困难的旋涡，手边都是维持基本生活所需之物，没有多余的东西。

马丁是一位艺术家，患有精神分裂症，对禅宗感兴趣——在20世纪的美国，拥有这些特点的她很难被主流社会认可。然而，通过艺术创作，马丁挣脱了传统社会结构的束缚，找到了与自己和谐共处的方式。她的身体、心理、精神皆指引着她过这种具有功能性的生活。

下面这张是1954年马丁在位于新墨西哥州陶斯的工作室里拍的照片。

她穿着一件毫不花哨的衣服。当然，现代人完全能够欣赏这件衣服：衣领具有线条感，且其宽度与肩膀宽度相近，稍有落肩设计，胸前上方有缩褶线，口袋位置

靠下，布料结实、耐穿。

从上面的照片中可以看到，这件衣服下摆很长，左侧口袋很大。缩褶部分展现出一种严谨的美感，缩褶线上方空出了大面积留白，简洁明了，下方则堆叠着密集的褶皱。

这一时期，纽约超越巴黎而成为全球当代艺术的中心。可当时马丁很穷，住不起纽约的房子。1957年，马丁在陶斯遇到了一位纽约的画廊老板贝蒂·帕森斯，帕森斯说如果马丁有意搬到纽约，她愿意在画廊里展出马丁的作品。

在纽约，马丁第一次使用线条和网格作画，她的标志性风格从此开始形成。她的工作室兼住宅远离高档、时髦的城市，位于曼哈顿南部东河入海口旁，虽然简陋，但光线充足。她和其他独具风格的艺术家一同住在这个社区里，邻居包括著名艺术家贾斯培·琼斯、埃尔斯沃思·凯利、罗伯特·印第安纳。

1960年，利伯曼在这个工作室里为马丁拍下了下面这张她正在作画的照片。

马丁的外套和裤子都是绗缝的，带有衬垫，穿起来很暖和。领子、扣子的形状都很简单，既具有功能性，也具有美观性。她的衣服外观是网格状的，她编的辫子是网格状的，连墙上的砖块也是网格状的。

在一张未注明日期的纸条上，她留下了以下文字。

存在与不存在之间的斗争，并非我之斗争。
进入完美的状态，并非我之所向。
身处这种挣扎之外，我趋向完美，就像我在心中看到的那样，就像我用双眼看到的那样，即便坠入尘土。

身处纽约时，马丁留了一头长发。1967 年，她剪掉三千烦恼丝，离开了纽约。

经过 18 个月的旅行，她又回到新墨西哥州定居，自己造了一栋土坯房，并在那里独自度过余生。她的生活简朴无华，她穿的衣服就是劳动者的服装，她的劳动就是创造艺术。

作家奥利维娅·莱恩保存着一条马丁曾穿过的工装背带裤。在美国，这种裤子被称为工装裤。

莱恩是怎么得到这条裤子的呢?

莱恩在电子邮件中回复道:"我有一位名叫劳伦的朋友,她的母亲住在新墨西哥州的沙漠里,曾是简·方达① 的动物饲养员和驯马师,并和艾格尼丝走得很近。劳伦在怀孕时穿不进去牛仔裤,但在英国又找不到这种宽松的美式工装裤,于是她向母亲抱怨了这件事。她的母亲听后,表示会向艾格尼丝求助,因为艾格尼丝总穿那些美国西尔斯·罗巴克公司制造的、农场工人穿的衣服。后来,艾格尼丝就寄来了她的一条旧工装背带裤,上面沾满了颜料。"

过去,西尔斯·罗巴克工作服是美国常见的工人服装,后来停产了。本书成书时,该公司刚刚摆脱破产危机。你如果也想买一件,只能去古着店看看了。

马丁穿的这种实用、便于劳动的服装展示了她的一项重要创作原则,即服装应是功能与美的结合。在生命的尽头,她给画作取的名字是《幸福、可爱的人生》(*Happiness, Lovely Life*)和《我爱全世界》(*I Love the Whole World*)。

"艺术家的生活是一种非传统的生活,"她在一份题为《给年轻艺术家的建议》的未发表的手稿中写道,"它偏离了过去的惯例,痛苦地与自身处境斗争。这看似叛

---

① 美国影视演员、制作人、模特。——译者注

逆，实则是一种富有灵感的生活方式。"

和马丁一样，英国雕塑家芭芭拉·赫普沃斯也远离城市，追寻纯粹的创作。她的雕塑作品力求体现人性，拥有经典的造型。

在第二次世界大战爆发时，赫普沃斯从伦敦搬到康沃尔；1950 年，她又迁往圣艾夫斯，并在那里度过余生。

1944 年 6 月的一个星期天，41 岁的赫普沃斯给密友玛格丽特·加德纳写了一封关于服装的长信。二人时常通信，但在已知信件中，这是唯一一封谈及服装的。

赫普沃斯写道："老年女性的服装普遍不太美观。然而，穿过于年轻的或者颜色、样式过于夸张的衣服，她们同样痛苦。因此，我们必须找到一些个人风格，以此引发灵感。灵感是一种必需品，否则人就会被疲惫所压垮。"

在这封信的下一页，她表现出对谈论服装的一丝尴尬——她在信纸旁边竖着写了一行小字："这听起来有点傻（关于说到想要新衣服），但用服装发展个性很重要，也很难。"在这行小字最后，她补充道："见备注。"

备注被写在这封信的第 9 页："我对社会事件在服装上的外显很感兴趣。战前，服装一直是最有表现力的。因此，当你说到想要新衣服，我自然而然地想到了这一点。"

这封信把赫普沃斯对服装的选择放在了她渴望改变的语境之下,并揭示了对服装的兴趣往往伴随着自嘲这一事实——在下一行中,她就嘲弄了自己。

"请你原谅我写这些胡言乱语的行为吧,就当我发烧了。晚上 9 点的新闻似乎会让人感到安心。"

同年 6 月 6 日,发生了诺曼底登陆战役。

赫普沃斯的作品奠定了战后英国艺术及设计的乐观主义和理想主义基调。

从她写给加德纳的信中可以看出,她把服装看成内驱力的一部分;从战后她的着装中可以看出,她在功能性服装中找到了"社会事件在服装上的外显"。

下面这张照片记录的是在此次通信4年后赫普沃斯进行创作的场景。她穿着一件罩衣，头发上包着用来防尘的发网。

赫普沃斯更愿意在户外雕刻，因为她的创作受到自然的启发，她的作品与自然息息相关。在户外，她会特意穿上功能性服装。

多年来,她一直穿着类似的衣服——宽松、实用、耐磨,口袋看起来容量很大。下面是她穿着工装套装进行创作的照片,其中的雕塑是她的作品《单一形式》(Single Form)的雏形,其成品如今矗立在纽约的联合国总部大楼前。

赫普沃斯也很爱穿带拉链的冲锋衣,这种衣服的腰部通常可以调节松紧。

在下面的照片中,她穿着一件与上面的照片中的冲锋衣风格相同、颜色不同的冲锋衣。

1965 年,62 岁的赫普沃斯被授予"女爵士"头衔。她的孙女索菲·鲍内斯说,从那之后,赫普沃斯的想法就

改变了,她开始觉得自己更应该穿得像个女爵士。2年后,她摔断了股骨,这影响了她的日常行动,创作雕塑作品变得困难起来。

授衔和受伤这两件事让她的衣橱里也产生了变化,她开始穿皮草了。

在赫普沃斯的档案中,有一张记载了她的皮草及其穿着场合的清单。

长款俄罗斯白鼬皮草大衣(1967年2月15日,穿去泰特美术馆)

松鼠皮草长袍(穿于非正式场合)

智利狐狸皮草夹克和帽子(穿于工作时间)

这是赫普沃斯在家中穿着皮草的照片。

在某种意义上,皮草也具有功能性,因为它能为这位70多岁的艺术家挡风保暖。在那个年代,皮草店遍布英国

的大街小巷,如今,人们对皮草的态度已经发生了变化。

现在,人们仍旧会以赫普沃斯的时尚风格为灵感,不过这种灵感并非来自皮草,而是来自海魂衫。下面这张是30岁的赫普沃斯穿着海魂衫的照片。

海魂衫起源于水手们穿的功能性服装。1858年,这种衣服成为法国海军制服的一部分,其上共有21条条纹,条纹数量代表拿破仑的舰队打败英国海军的次数。20世纪20年代,可可·香奈儿使它成为一种时尚服装。

第二次世界大战结束之后,巴勃罗·毕加索移居法国南部的海边,随后也穿起了这种衣服。

20世纪50至60年代,海魂衫是青春和叛逆的象征。

下面是1965年弗兰克·鲍林在伦敦创作时的照片,此时他从皇家艺术学院毕业已经3年,仍然穿着海魂衫。

海魂衫如艾格尼丝·马丁创作的网格一般拥有奇妙的

吸引力，或许正是这种赏心悦目的秩序感让它经久不衰。

另一位常穿工作服的艺术家是德里克·贾曼。无论是在伦敦还是在英国东海岸边的小屋里，他总是爱穿工作服。贾曼的工作十分多元，包括绘画、电影制作、写作、场景设计及园艺。

下面是他穿着连体工作服在邓杰内斯角的愿景小屋（Prospect Cottage）里打理花园的照片。

"他的穿着很有特点，"他的朋友兼合作伙伴、服装设计师桑迪·鲍威尔说，"他总穿工作服，要不然就穿灯芯绒裤子或膝盖处有破洞的布袋裤，再配一双纯色的鞋。"

贾曼几乎没有什么衣服，也没有什么个人财产。愿景小屋及其门前的一小片海滩，以及查令十字街上的一个小工作室，就是他拥有的全部。

"他不买新东西，"鲍威尔说，"而且我觉得他穿上西装会显得很奇怪，他穿上无尾礼服也会显得很奇怪。他的衣服都很实用，它们看起来非常不错。这与时尚无关，只是衣服外观很有吸引力。贾曼本人也很有吸引力。"

1986年，贾曼被诊断出艾滋病。同年，他和朋友、演员蒂尔达·斯文顿前往邓杰内斯角一日游，随即买下了愿景小屋。1994年，贾曼因艾滋病离世。2年后，拯救了很多艾滋病患者的抗逆转录病毒疗法问世。

贾曼去世后，愿景小屋作为他的故居被保留下来。某个星期六的下午，我受邀去那里参观。愿景小屋的内部很宽敞，里面有一条中央走廊，走廊的两侧是房间，每个房间都十分整洁有序。这种条理分明的风格让他的生活物品、他的画作、他的石头及他的浮木雕塑作品都如同散发着魔力。

贾曼的工作室位于屋子后方。在工作时，他会把门关上，连他的伴侣凯特·柯林斯都不能进去。在这间工作室里，贾曼会"施放法力"。

他的绘画区域还保持着原样，仿佛下一刻他就要回到这里再次拿起画笔。这里有一张长长的木桌，上面放着层层叠叠的颜料罐，其中有3个颜料罐的盖子是打开的，里面的颜料分别是白色、蓝色和红色的。

在木桌的尽头，有一叠贾曼的衣服，它们被压在一块满是灰尘的玻璃板下。

走近仔细观察，我发现这件衣服上有带子，这说明它是一条围裙。

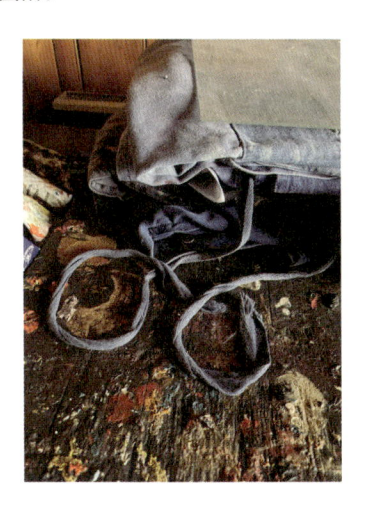

这叠衣服上的玻璃板可能是贾曼打算拿来蚀刻的，蚀刻是他最喜欢的艺术形式之一。在他的卧室里，有一块被涂黑的油画布，上面就放着蚀刻完成的玻璃板。

在离开前，我又看了一眼那叠棉质的、斜纹的牛仔裤。

艾格尼丝·马丁自造房子，芭芭拉·赫普沃斯在石头上凿洞，德里克·贾曼热衷于园艺。对艺术家来说，拥有足够的体力以从事劳动是很重要的。

露西·里是一位技艺精湛的陶艺家，她出生、成长于奥地利，1938年去往伦敦。

下面是她穿着陶工围裙、拿着陶瓷作品的照片。

在视频网站上，你可以看到里创作的视频。其中，有一段视频是关于1987年她的陶瓷作品被印在英国皇家邮政集团的邮票上的新闻报道。当时，里已经87岁了，但她仍能精确地掌控陶土和水的比例，在制作陶瓷的过程中，鲜有陶土和水飞溅到四周。不过，她还是穿着两条围裙：一条系在身上，另一条横放在腿上。此外，她穿着一件白衬衫，袖子被卷了起来。

衬衫是她最喜欢的服装。下面这张照片是她远离陶轮、享受日光的照片，她的袖子还是被卷了起来。

在地球另一端的日本，居住着陶艺家滨田庄司。与大多数陶艺家不同，滨田喜欢盘腿坐在地上，用手代替陶轮。这是很辛苦的体力劳动，但他在其中找到了内心的宁静。

1976年，艺术家、陶艺教师苏珊·彼得森在拜访滨田时，拍下了下页这张他给陶碗上釉的照片。

在这个姿势下，宽大的衣服罩住了他的全身。"他穿着一件珍贵的旧和服坎肩，"彼得森描述道，"衣服是他的朋友在多年前做的，裤子是具有传统乡村风格的——剪裁宽松、腰间系带、裤腿收紧。"

有时，功能性服装能够保证艺术家的安全。

使加纳艺术家艾尔·安纳祖闻名全球的艺术作品当属他创作的具有垂坠感的金属幕帘。在成名作品问世之前，他经常使用木材进行创作。1995年，安纳祖在伦敦的十月画廊里办展期间，向工作人员展示了他的工作方式。

在下面这张照片中，他穿着笨重的靴子，这种鞋或许能为目前某些高价的、非功能性的运动鞋设计师带来灵感。

安纳祖穿这种鞋是为了避免受伤,还有艺术家穿这种鞋是为了保命。

1951年,美国画家格蕾丝·哈蒂根身无分文,仅是为了活下去就要拼尽全力。冬季,她的屋里没有暖气,此时功能性服装对她的意义不言而喻。下面是她在工作室的屋顶上穿着厚重工装靴的照片。

当然,我是刻意选择这张照片的。我完全可以不选这样一张哈蒂根穿着工装靴的照片,而选择一张她功成

名就后参加聚会或开幕式时的照片。不过，在20世纪50年代的纽约，艺术界由男性主导，社会期望的女性是被美化的，在广泛的美国文化中性别角色已经固化。如果把目光聚焦在聚会或开幕式上的哈蒂根身上，就等于默认了这种固化的性别角色。

我更愿意展示艺术家在回归艺术、回归工作时的状态。

莎拉·卢卡斯
Sarah Lucas

某个冬季,一场暴风雪成了英国的主要新闻,官方称其为"反气旋哈特穆特",但媒体给它取了一个绰号"来自东方的野兽"。

"太神奇了,"艺术家莎拉·卢卡斯发来电子邮件,"凛冽的寒风吹起纷飞的大雪,盘旋于后方的田野,呼啸着穿过房舍。"

1962年,卢卡斯出生于伦敦北部,在千禧年后,她搬去了萨福克郡的乡村,就住在作曲家爱德华·本杰明·布里顿曾经住过的房子里。她的雕塑和摄影作品极富个性与信念,这些作品直率地表现着生命、死亡、性、身体等主题。

20世纪90年代,卢卡斯创作了一系列自拍摄影作品,共12张,下页这张是其中最著名的一张——《煎蛋自画像》(Self Portrait with Fried Eggs)。它被拍摄于1996年,但如今看起来也毫不过时。

在下页这张自拍中,卢卡斯穿着自己的衣服,双腿张开。人们一般认为这是一种男性化的姿势。等等,为什么双腿张开是男性化的姿势?

她的服装也是男性化的。20世纪30年代，圆领T恤衫出现，它最初是美国男性橄榄球运动员的内衣。她穿的鞋是绒面革厚软底鞋（brothel creepers），顾名思义，这种鞋用料结实，重量很轻，配以绉胶鞋底。其最初是为士兵设计的，后来一些觉得自己拥有男子气概的男性也开始穿它。

卢卡斯的胸前有两个煎蛋，这直接打破了姿势、服装带来的男性性别假设，这是一种女性对男性的挑衅与贬抑，既性感又有趣。

卢卡斯于 1987 年毕业，此后她就开始在早期作品里将服装作为艺术语言。她总是穿着自己的衣服出现在摄影作品里，有时服装也会出现在雕塑作品里，比如《兔子》(Bunny)系列作品里。无论以何种形式出现，服装始终贯穿她的艺术创作。

行文至此，我们之前谈的多数是已经离世的艺术家，而卢卡斯如今仍活跃在艺坛中，因此我们若想理解服装为何会成为当今艺术不可或缺的一部分，倾听她的解读是至关重要的。

在暴风雪来袭的那天，我们开启了对话。

卢卡斯儿时关于服装的记忆是什么？

她告诉我：“当我还是一个小女孩时，妈妈为我做了很多衣服，比如裙子、针织衫。我自己偶尔也做些衣服，虽然我擅长缝补，但我很少做针织衫。我很擅长做成套的睡衣，在家也最爱穿睡衣，并习惯在睡衣的外面加穿一件宽松的羊绒衫。”

她在大学里穿的衣服最终成了她作品的一部分。“由于经济原因，我在上大学时穿过很多二手衣服。”卢卡斯曾公开谈过,她在成长过程中非常拮据。"我的人生际遇实际上是命中注定的。我现在还留着一件皮夹克,它出现在我的很多作品中,成了一件标志性物品。我曾经用牛皮纸复刻了这件皮夹克,并用中密度纤维板做了一把椅子,把复刻的皮夹克搭在椅子上。"

卢卡斯提到的这件作品创作于 1997 年,名为《自体情欲》(*Auto-Erotic*)。当时,伦敦赛迪 HQ 画廊的创办人赛迪·科尔斯与她约定进行长期合作,她为自己在这个画廊中的首次展览创作了这件作品。

"在这之前,我还用过一双被我穿得非常破烂的马丁靴进行创作——我把剃刀刀片插入鞋头。"她所说的这件作品完成于 1991 年,名叫《1-123-123-12-12》,鞋码是英国 7 码。

"有些东西经过磨损会变得特别,观者可以把这些东西与我联系起来。这些东西之所以具有价值,是因为它们具有普适意义。比如,紧身裤。"此处的"紧身裤"是指她的作品《挫败的兔女郎》(*Bunny Got Snookered*)中的那件,这件作品于1997年和《自体情欲》一同展出。

"这些物品都必须能够被转化为其他物品。"

服装成为艺术,它现在的意义超越了原本的意义。

"一切事物都是语言的一部分,"卢卡斯说,"诗歌与画作在其中嬉耍、盘旋。"

这种象征性语言存在于服装本身:马丁靴的造型和材质都给人一种实用、结实的感觉,橡胶的鞋底、厚实的皮料、坚固的缝线都让它显得经久耐穿。

不过,卢卡斯指的不仅是鞋本身的属性,还有鞋磨损的痕迹,以及插入鞋头的剃刀刀片。种种元素叠加,最终形成了她的私人化作品。这件作品是她在首次个展前创作的,就像她的个人领土标记,她利用大众对服装的集体认知来传达一个明确的信息——别惹我。

这正与卢卡斯在拍摄于 1996 年的摄影作品《以牙还牙》(*Fighting Fire with Fire*)中的姿态对应。

此时，我正坐在大英图书馆的咖啡馆里写这段文字。我本应去阅览室，却一直拖延。我打开笔记本电脑，几乎每写一句话，眼神就游离出屏幕，思绪飘忽不定。写到这儿，我抬起头开始观察周围人的服装。

观察服装这件事有很多层面。有时，观察者只是在机械地处理那些几乎不会引发思考的信息：某件衣服的色彩对比强烈，某件衣服的厚度暗示着室外的气温等。有时，这种观察则带有评判性，观察者会无情地判断衣服的美丑，这不独属于在时装界工作过的我，而是人人都会做的事情——人们无时无刻不在相互打量彼此的穿着。

想象一下，当你走在大街上的时候，你会根据周围人的穿着来判断自己的安全程度，这就像是一种原始本能，一种从危机中衍生出来的生存策略。

卢卡斯就在这种原始本能的层面上利用服装进行创作："我觉得作品中的衣服可以代表我——再强调一次，作品中的所有衣服都可以代表我，它们在某种程度上暗示着我。我想象着，人们在观看我的作品时，会想知道我在思考什么、我试图传递给他们什么信息。"

我们共享服装这种视觉语言，在不知不觉中成为"专家"，同时却对它知之甚少。

"天气有些多变，"卢卡斯在一个夏天写道，"今天太阳出来了，外面很热，我穿着一条紧身牛仔裤和一件黑色T恤衫。之所以穿黑色T恤衫，是因为昨天我穿着黄色T恤衫去花园浇水时，招来了一群露尾甲。"

"傍晚时分，我立马换上了泰式渔夫裤。以防天气突然变冷，我还随身带着羊绒衫和袜子。我如果要出远门，比如去洛杉矶，就会穿棉质衬衫和长裤，长裤主要包括牛仔裤和战术裤。穿衬衫比穿T恤衫更凉快，因为衬衫更轻，不会粘在身上。如果要穿T恤衫，我更喜欢穿超大号的。"

从伦敦搬到萨福克郡后，卢卡斯的服装有变化吗？

"奥尔德堡有一家很棒的男装店，那里有男人想要的一切。我以前从没想过要穿粉色衣服，后来我想着既然来到乡村，不妨试一试，于是我买了几件德里克·罗斯品牌的粉色睡衣。在伦敦的时候，我看到过两件厚实、宽大的男款"V"领羊绒衫，一件是粉色的，一件是灰色的，二者的最终价格大概是原价的 1/4——我就是从这时开始关注粉色衣服的。"

正如我们之前在艾格尼丝·马丁身上看到的那样，某些艺术家在城市和乡村穿的衣服明显不一样，换衣服的频率也不一样。

在城市，各色服装对比强烈，我们会每天穿不一样的衣服以跟上多变的生活节奏。而在乡村，生活节奏更慢，我们则总会穿同样的衣服。

"当我不得不去外面'冒险'时，我总是感到困惑：

'天呐,我到底该穿什么?'在回家后,穿上旧衣服真是一种解脱。"

如今,卢卡斯和伴侣朱利安·西蒙斯一同生活。她写道:"我现在正在厨房里喝咖啡,朱利安穿着睡衣走了进来,自言自语道:'现在我得穿上我的旧衣服。'这就是活生生的例子。他现在正在好奇我为什么笑。"

在工作和生活中,卢卡斯举起了一面映射着性别、行为和身份的镜子。她利用服装给自己的作品赋予了一种鲜明的清晰感,因为这些服装本就造型经典、风格明确、能被大众所理解。接下来,我们将着眼于讨论这些经典服装中的一种——牛仔服。

L'UOMO VOGUE

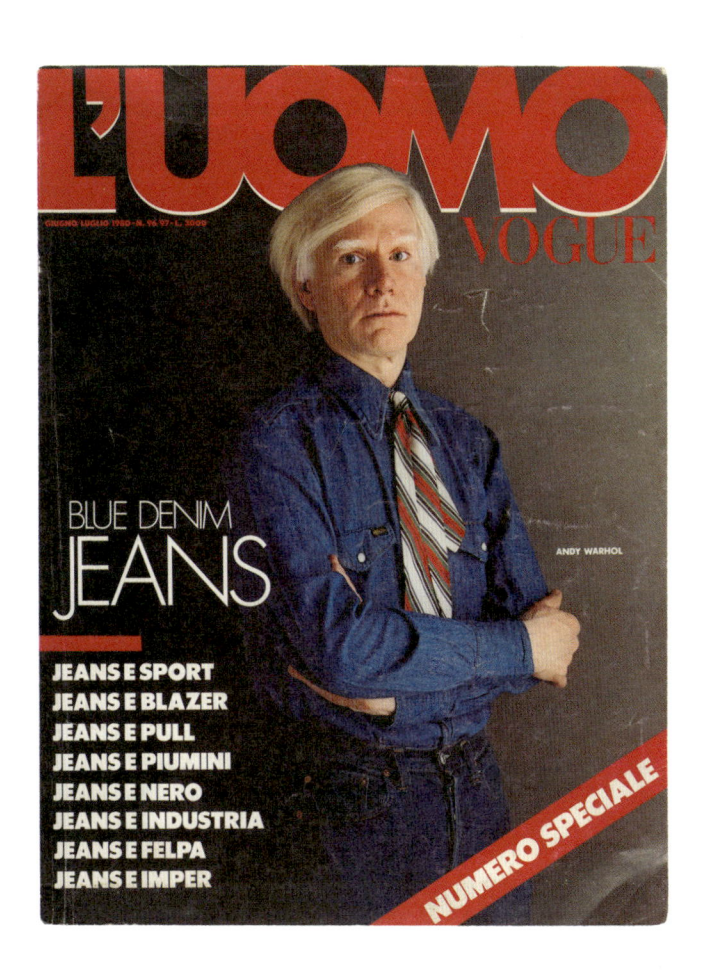

GIUGNO LUGLIO 1980 - N. 96/97 - L. 3000

BLUE DENIM JEANS

JEANS E SPORT
JEANS E BLAZER
JEANS E PULL
JEANS E PIUMINI
JEANS E NERO
JEANS E INDUSTRIA
JEANS E FELPA
JEANS E IMPER

ANDY WARHOL

NUMERO SPECIALE

牛仔
Denim

牛仔布是一种随处可见的布料。它代表了一个时代——在这个时代中，人人都能成为艺术家。穿上牛仔裤，艺术家就如同隐匿在了服装背后。因此，本章的主题或许并非"艺术家穿什么"，而是"艺术家可以忘记他们穿什么"。

"安迪每天都穿牛仔裤。"鲍勃·科拉切洛说，他指的是安迪·沃霍尔。科拉切洛在 1974—1983 年担任《采访》杂志的执行主编，办公地点为沃霍尔的纽约工作室——其名为"工厂"。

"甚至在受邀赴白宫参加晚宴时，安迪都会在燕尾服裤子里加一条牛仔裤，他说燕尾服裤子穿起来太扎人了。"这里提到的晚宴举办于 1975 年 5 月 15 日，那时科拉切洛、沃霍尔及其伴侣杰德·约翰逊是一同前往华盛顿的。"我和杰德在水门酒店里等他赴宴归来。在回来后，他非常高兴地说，他在席间给总统的女儿苏珊·福特展示了自己穿在燕尾服裤子里的牛仔裤。"

下页这张照片中的是偷偷穿着牛仔裤的沃霍尔，他正在接受美国第 38 任总统杰拉尔德·鲁道夫·福特的接见。

1928年，沃霍尔出生于宾夕法尼亚州匹兹堡的一个工人家庭，他的父亲保罗离开了家，在建筑工地工作。

沃霍尔这一代美国人经历了牛仔裤从工作服到时装的转变。

李维斯牛仔裤诞生于1873年，比沃霍尔穿着它去白宫早100多年。这种裤子最初被称为"高腰工装裤"（waist overalls），拥有束腰、高腰设计，缝有背带扣。

有人发现过一条早期的牛仔裤，它很稀有，上面散落着蜡屑。"这是一条矿工在矿井里穿的裤子，矿工可能在头上绑着一支蜡烛，"李维斯公司的历史学家特蕾西·帕内克分析道，"这可能是现存最古老的李维斯牛仔裤。矿工们会共享同一条牛仔裤，他们在交班的时候通常把它放到沾泥物品寄存室。我认为至少有 3 个矿工穿过这条裤子，因为它的膝盖处有多个不同的磨损位置。"

随着时间的推移，牛仔裤的剪裁逐渐发生变化，它变得更像我们今天看到的样子。后来，牛仔裤被牧场主广泛接受。帕内克说："李维斯牛仔裤于 1935 年第一次出现在《时尚》杂志上，那是一篇关于度假牧场的文章，它告诉读者——买牛仔裤就能变得像度假牧场主一样。"度假牧场给人一种美国的"西部荒野"之感，因此成了城市居民喜爱的度假场所。

1934 年，乔治亚·欧姬芙第一次住进幽灵牧场，这里位于新墨西哥州陶斯以西，占地约 85 平方千米。在 6 年后，她在牧场上买了一个与世隔绝的小房子，打算在这里度过夏天。

在下页这张照片中，她正搭车从牧场前往附近的阿比丘，她的下身穿的是李维斯牛仔裤，这条裤子的价格可能不超过 3 美元。

在一望无际的苍穹和大地之中，欧姬芙奔向了生活与创作，她脸上洋溢着的愉快笑容让一切不言而喻。

第二次世界大战后，牛仔裤成了青春和自由的象征。

1952年8月20日，美国艺术家赛·托姆布雷和罗伯特·劳森伯格启程前往欧洲。当时，劳森伯格26岁，已经结婚并育有一子，托姆布雷24岁。二人选择在远离美国的地方共度了8个月。

在这次旅行中，劳森伯格在罗马给托姆布雷拍摄了下页这张照片，后者穿着牛仔裤，站在君士坦丁巨像的右手旁边。

1949年，刚满20岁的沃霍尔搬到了纽约，当时牛仔裤还不是那些想在城市立足的人爱穿的服装。在纽约打拼几年后，他成了一名成功的商业艺术家，曾为《魅力》杂志、《时尚芭莎》杂志及邦威特·泰勒百货公司等客户创作迷人的插画，当时他很爱穿奇诺裤。

20世纪60年代初，沃霍尔成功超越"商业"一词的局限，成为一名艺术家，创作了一些连环漫画人物和一些关于可口可乐瓶子的作品等。这一时期，他把奇诺裤换成了牛仔裤。"安迪喜欢这种平等的感觉。"科拉切洛说。

一开始，沃霍尔穿的是黑色的李维斯牛仔裤。"那时，我还没有真正的时尚造型，"他在《波普主义》(POPism)一书中写道，"我穿着黑色弹力牛仔裤、总是溅满颜料的尖头黑靴子，以及带有领扣的牛津布衬衫，外面再套一件杰拉德送给我的印有瓦格纳学院标志的卫衣。"其中，沃霍尔提到的杰拉德是他的助手杰拉德·马兰加。

在"沃霍尔标志性造型"尚未定型前，他还常穿蓝色牛仔裤。

下面是 1968 年 12 月沃霍尔在"工厂"里穿着一条破旧的蓝色牛仔裤的照片。6 个月前，瓦莱丽·索拉纳斯就在这里向沃霍尔开枪，沃霍尔的身心都因为这次枪击而受到重创。

沃霍尔这么放松的照片并不多见。此时，他把牛仔裤当成了工作服，这很符合牛仔裤作为工人服装被生产出来的初衷。但不久之后，沃霍尔穿的牛仔裤就变得更精致了。

这种变化是在业务经理弗雷德·休斯进入"工厂"后发生的。休斯来自得克萨斯州，他常穿布雷泽西装，再配上衬衫和熨烫平整的蓝色牛仔裤，这是上流社会对工人服装的一种诠释和演绎。休斯带来了上流社会的穿衣风格，这影响了沃霍尔遭遇枪击后的生活。

"这种穿着成了'工厂'的制服。"科拉切洛说。这说明上流社会也接受了大众的理念——大家都穿设计相同的牛仔裤。同一时期，李维斯公司也开始在营销中使用"牛仔裤"一词，"高腰工作裤"一词逐渐退出历史舞台。至此，牛仔裤完成了从工作服到时装的转变。

沃霍尔的造型变化和他的感情变化相吻合。和休斯同期来到"工厂"的还有杰德·约翰逊，长相姣好的约翰逊后来成了沃霍尔的伴侣。

"在纽约东60街上有一家叫德诺耶的商店，"科拉切洛说，"店里出售进口的欧洲男装，安迪和杰德经常在那儿买灯芯绒外套——其通常是棕色或蓝色，上面的花纹很精致。"

1977年，在意大利费拉拉，沃霍尔出席了一个展览的开幕式，并留下了下页这张照片。其中，他身穿德诺耶外套和李维斯牛仔裤。注意，他的腿上放着一台索尼录音机，这是沃霍尔的"得力助手"，记录着他的每一场谈话。沃霍尔称这台录音机为"妻子索尼"。

这套灯芯绒外套配牛仔裤的造型很实用。"你可以穿着它们参加任何一个上流社会的晚宴，在晚宴结束后，继续穿着它们去市中心的阁楼聚会也毫无违和感，你直接就能坐在地板上。"科拉切洛说，"而且他的牛仔裤有时会沾上颜料，这种牛仔裤可以直接水洗，不必像其他裤子一样被送去干洗店。"

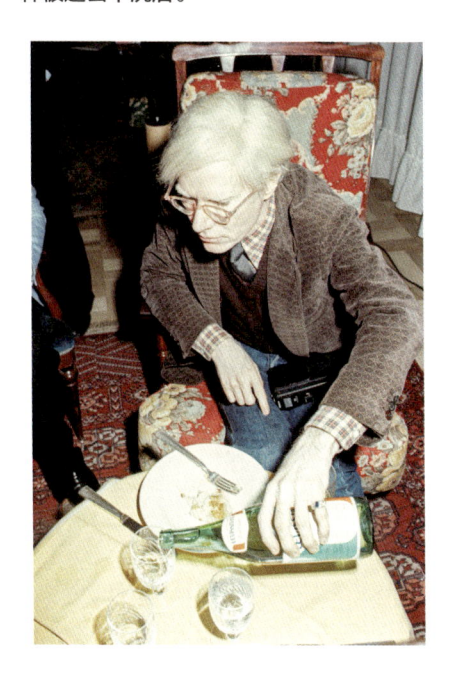

在《安迪·沃霍尔的哲学》(The Philosophy of Andy Warhol)一书中，沃霍尔描述了他对李维斯的钦佩之情："我希望自己能发明一种像蓝色牛仔裤一样的东西，一些值得被铭记的东西，一些大众化的东西。"不过，因为科拉切洛是这本书的影子写手，所以这段话可能出自他手。

1980年，沃霍尔和杰德分手。同一时期，沃霍尔萌生了当一名男装模特的想法。"在杰德离开他之后的那几年里，他变得有些厌食，但他假装并不在意。"科拉切洛说，"当男装模特是他应对失去杰德的痛苦的方式，他不愿直面和承认这件事。"

沃霍尔如愿当了男装模特。

模特往往需要摆脱自己的风格，去捕捉非自身产生的情绪，以塑造某个角色。沃霍尔当男装模特时则没有这样做，他要呈现的就是他自己，品牌就是要为世界著名艺术家安迪·沃霍尔的经典形象买单。为了塑造这种形象，他穿上了蓝色牛仔裤。

在广告中，他是一名激进的艺术家，这在当时绝非一位艺术家的经典形象，也绝非一位50多岁的男性应有的形象。沃霍尔和他穿着的牛仔裤逐渐演变成了一个既大众化又富有个性的形象。

20世纪80年代，因为沃霍尔为许多社会名流创作了肖像，所以他在艺术界中的声誉变得有些可笑。"无疑，那时候他成了纽约艺术界的弃儿。"科拉切洛说。

Leave a lasting impression. Golden Oak.

Golden Oak Furniture, Inc. 2392 East 48th Street, Los Angeles, California 90058 (800) 572-1530

circle 32

但是，年轻艺术家们则不这么想，他们钦佩他、尊敬他。下面这张照片是沃霍尔和凯斯·哈林、巴斯奎特于1984年在"工厂"门口的合影，沃霍尔依旧看起来很年轻，依旧穿着他的蓝色牛仔裤，裤袋里塞着一个笔记本和一些美元。

在上面这张照片拍摄3年后，他走向了生命的尽头。

哪怕是在离世前的那些日子里，他也一直穿着李维斯牛仔裤，背着帆布背包走在大街上。

他是那个时代最具标志性的人物，但他的衣着却很普通。

牛仔裤是沃霍尔的生活中不可或缺的一部分。在另一位如今仍在世的艺术家身上，牛仔裤则在特定的时刻扮演了重要的角色。

1968年，25岁的大卫·哈蒙斯开始创作身体印痕版画，模特既有别人，也有他自己。1963年，他从伊利诺伊州的斯普林菲尔德搬到了洛杉矶，在这座城市里学习艺术。

　　身体印痕版画让哈蒙斯第一次得到大众的关注，这些作品为他之后几十年创作的作品树立了一个标杆。他将不断通过他的作品质疑种族、阶级、财富和艺术的预设。

　　哈蒙斯说："身体印痕版画能告诉我——我是谁、我们是谁。"

　　1974年，摄影师布鲁斯·塔拉蒙拜访哈蒙斯的工作室，为他拍下了下面这张身着牛仔裤创作身体印痕版画的照片。

"注意这张照片中的婴儿油，"塔拉蒙在邮件中对我说，"此时，他刚把油倒在手上，并开始揉搓。接下来，他会把手上沾满的油涂到自己身体和衣服的任意位置上，然后将这个位置按压在纸上。最后，他会在纸上添加颜料，让按压出来的痕迹更明显。"

1970年，哈蒙斯在下面的《冤案》(*Injustice Case*)这件作品中塑造了一个男性形象——他的嘴被堵住，手和脚被绑在椅子上。这个男性形象的原型是黑豹党联合创始人鲍比·西尔。1969年，他在芝加哥法庭上被捆住了身体、堵住了嘴，因为他被指控在美国民主党全国代表大会上煽动骚乱。

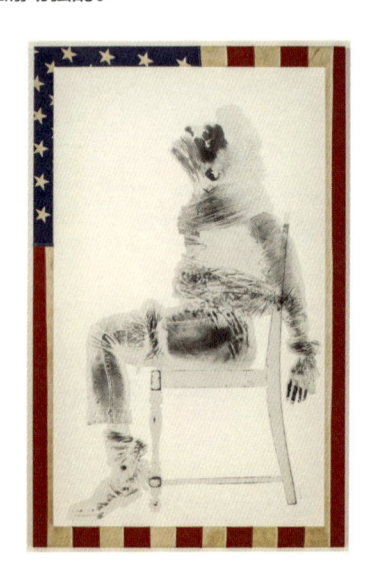

上页这幅画中的人物穿着牛仔裤,哈蒙斯想告诉观者——这是一个正在被压迫的普通人。

"普通人"是常用的简单词汇,对美国公民来说,使用它就像说出美国国旗的意义一样轻车熟路。而哈蒙斯让人们意识到,普通人还包括那些生活在不宽容和不公正之下的人。这是一件拥有刺痛人心的力量的作品。

在 20 世纪 70 年代末之前,哈蒙斯一直在创作身体印痕版画,此后,他的艺术创作方式突变,他开始常把服装当成创作材料。1993 年,他剪下一件连帽衫的兜帽,把铁丝穿进兜帽的边缘,并把兜帽挂在墙上,创作了作品《在兜帽中》(In the Hood)。2007 年,他与妻子千惠合作,切割、烧灼、涂画了一件皮大衣,而后将其在纽约公园大道附近的一个高档社区里展出——有很多穿皮大衣的人住在那儿。

哈蒙斯是最受人崇敬的在世艺术家之一。他独来独往,淡泊名利,在日常生活中如同不存在一般,他的牛仔裤也帮助他隐匿于人海中。但是,他的作品是公之于众的,是不朽的。

哈蒙斯的公共雕塑作品《日之尽头》(Day's End)矗立在曼哈顿附近。那是一排金属框架,从陆地伸入哈德逊河,其轮廓、尺寸与此处早已拆除的 52 号码头一模一样。这是哈蒙斯对另一位难以捉摸的艺术家的致敬之作。

1975年,戈登·马塔-克拉克闯入52号码头的废弃仓库,并花费几个月的时间,在仓库的墙壁上开凿出了一个新月形的、足有一层楼高的洞①。

---

① 马塔-克拉克的这件作品名为《日之尽头》,他运用了自己经典的"建筑切割"手法进行创作,落在作品上的光线会随着季节的变化而变化。在他去世1年后,52号码头倒塌,此作成为绝唱。数十年后,哈蒙斯在与惠特尼美国艺术博物馆沟通后,画出了自己心中的《日之尽头》草图,上面写着"戈登·马塔-克拉克纪念碑"。——译者注

这项大工程是由马塔-克拉克独自完成的,为此,他穿上了牛仔裤。1978 年,年仅 35 岁的马塔-克拉克死于癌症。

"他不关心时尚,"他的遗孀简·克劳福德回忆道,"他总是穿工作服,比如牛仔裤和工作衬衫。他的很多衣服我都不知道是从哪儿来的。"

创作《日之尽头》时,马塔-克拉克就住在纽约苏荷区这个空荡荡的废弃仓库里,他自己也成了 20 世纪 70 年代纽约下城区艺术景观的一部分。"所有工厂都搬到了河对面的新泽西州,旧址废弃并遗留下来,"克劳福德说,"艺术家们囊中羞涩,就搬进了这些废弃仓库。"

如今,我在搜索引擎上输入"纽约苏荷区阁楼公寓",首个搜索结果就是一个标价 1800 万美元的房子,但在 20 世纪 70 年代，阁楼公寓的住户基本上都是擅自住在那里的。"我们本不应该住在那里，但是仍然住在那里。"克劳福德说。

住在那里的艺术家们和商业画廊体系是脱节的。"每个人都有自己的正职，到了晚上或者周末才会开始创作，"克劳福德说，"马塔-克拉克曾在康奈尔大学学习建筑，他会做石膏板隔墙，但他不会干水暖工程，菲利普·格拉斯[①]擅长干水暖工程。"

从事这些体力劳动需要穿特定的衣服，克劳福德形容那是一些"实用的衣服，是为了保暖和保护身体而穿的"。

马塔-克拉克的艺术作品反映的是一些基本问题，比如家庭与住房、产权与风险。除了进行独立创作外，他还是安那其建筑[②]流派的一员，这是一个质疑房产在美国社会中扮演的角色的艺术团体。

1974 年，他把一栋即将拆除的房子切割成了两半，并为其取名为《分裂》(Splitting)。在下页这张照片中，

---

① 美国作曲家，除了做过水暖工外，他还做过出租车司机等职业。——译者注
② 英文为"Anarchitecture"，由前缀"an"（"anti"的缩写）和"architecture"组成，意为"反建筑"。其中，前缀"an"可以指反对、压制、倒退和撤销；"architecture"不仅指我们熟悉的建成环境或建筑学科，还包括更广义的"建构"。安那其建筑是这两个词的结合，指反对传统意义上的建筑、城市和规划。——译者注

他正在创作这件作品。

马塔-克拉克是一位真诚而执着的艺术家,通常在特定区域中进行创作,他的作品早已超越单纯的艺术作品。如今,他的大部分作品早已不复存在。

1971年,他与别人合作,在纽约苏荷区的王子街和伍斯特街的拐角处开了一家名为"食物"(FOOD)的餐厅。这家餐厅由艺术家运营,雇佣艺术家打工,并为艺术家提供价格实惠的健康食物。有时,他们还会邀请艺术家来做晚餐。有天晚上,马塔-克拉克以骨头为主要食材做了一整顿饭,包括骨髓饭和牛尾汤。

马塔-克拉克之所以关注服装,也许是出于对实用性的考虑,也许是出于对社会学的研究。1974年,在为安那其建筑"无尽之城"(Endless City)拟定的设计方案中,他提出了"可穿戴住房"的设想。在两幅简笔草图的旁边,他用大写字母写道:"这是一种可以被随身携带的住房,它可以被携带在头上、嘴里、背上、胳膊上、腰上或脚上。"

"可穿戴住房"的设想并非他偶然想到的。1973年,他在一张卡片上写道"WEAR HOUSES"(穿房子)和"WEAR YOUR HOUSE WELL"(把你的房子穿好),在另一张卡片上竖着写道"WHERE"(哪里),并于旁边列了一个清单[1]。

---

[1] 马塔-克拉克习惯在随身携带的卡片上记录笔记,有些内容是文字和绘画的结合,有些内容则是几个字、一段话,这些都是他的艺术宣言和他对生活的思索。——译者注

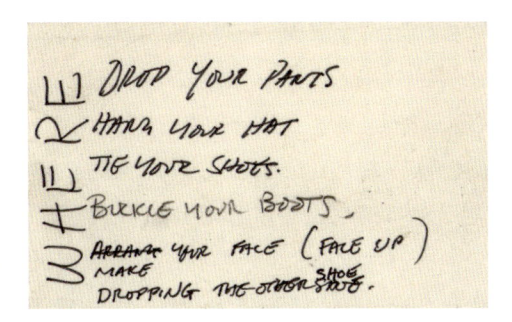

> WHERE
> DROP YOUR PANTS
> HANG YOUR HAT
> TIE YOUR SHOES.
> BUCKLE YOUR BOOTS.
> ARRANGE YOUR FACE (FACE UP)
> MAKE
> DROPPING THE OTHER SHOE SHOES.

他思考的是衣服可以变成什么其他东西，而不是衣服本身是什么。"或许如此，"克劳福德说，"他关注移民和流浪汉，这些问题盘旋在他的脑海中，但他的创作时间却很少。他的艺术家生涯只有8年，现在回忆起来，感觉仿佛只有5分钟。"

牛仔裤是剪裁得体的西装的对立面。有些餐厅、俱乐部和公共活动有"禁止穿牛仔裤"的规定，这正说明牛仔裤最初是不正式的，是属于底层大众的。

尽管如此，奢侈品品牌的牛仔裤还是可以轻易地卖到四位数。在我写下这段文字的当天，英国某奢侈品交易网站上最贵的女式牛仔裤价格是2875英镑（约25 250元），这条牛仔裤属于法国时尚品牌巴尔曼，该品牌如今被一家卡塔尔的基金会持有。

这和牛仔裤曾经的境遇天差地别。

美国艺术家大卫·沃纳洛维茨曾穿着一件自己手绘的

牛仔外套，前往一场名为"行动起来"（ACT UP）的活动，就在活动举行的 1 年前，他刚发现自己患有艾滋病。在牛仔外套背面，他画了一个粉红色三角形标志。

1954 年，沃纳洛维茨出生于一个贫穷的工人家庭，儿时受尽虐待、欺凌，在迷茫与阴影中长大。刚 10 岁时，他就去纽约打工；15 岁时，他只能流落街头。他的艺术作品受个人经历影响极大，就像一根尖刺，刺穿了当代美国的社会结构：财富积累、高级政治、战争。1992 年，他因艾滋病并发症离世。

沃纳洛维茨是一个狂野的人，他喜欢蛇。下面这张照片是 1981 年由彼得·胡加尔拍摄的，他们在同年相遇，最后成为好友。

当时，在纽约市区到处都能买到二手牛仔服。沃纳洛维茨曾在日记中记录过一个关于他来到一家旧货店的梦："那里可能是一个慈善超市，我在衣架旁翻看一排排外套，想找一件漂亮的皮夹克或牛仔外套来替换我这件大块头外套……"

沃纳洛维茨讨厌时尚产业，也拒绝盲目崇拜，经他绘制的牛仔服并没有被商品化。

1991 年，他拒绝了以牛仔裤零售起家的盖璞公司发来的广告邀约，并直言道："你在开玩笑吗？接受这个邀约是一种屈服，广告太商业化了。"

牛仔裤是为日常生活而生的：在街上、在酒吧里、在哈德逊河的码头上，到处都是穿着牛仔裤的男性。

在沃纳洛维茨的日记里，服装主要被描述成一种专属于男性的服装。1980 年 8 月，他这样描写寂静的码头："时而有呼吸声、衬衫和裤子摩擦的窸窣声，以及解开扣子或卷起衣袖的沙沙声。"

再来看看艺术家在大自然中穿牛仔服的样子吧。

下页这张照片中的是美国艺术家南希·霍尔特，她正站在 1976 年创作完成的作品《太阳隧道》(*Sun Tunnels*)之中。

霍尔特在犹他州的沙漠里买了约 242 亩土地，总共花了 4 年的时间对其进行规划和建设。其中，她有整整 1 年的时间都待在这里进行复杂而艰难的创作。最后，她制作出了 4 个混凝土圆柱体，这就是《太阳隧道》。在创作期间，霍尔特一直穿着牛仔服。

下面这张照片记录了 1976 年她为《太阳隧道》拍摄视频的样子。

和她一样，她的丈夫罗伯特·史密森也是一位大地艺术家。1973 年，35 岁的史密森在一场空难中罹难。同年，霍尔特开始创作《太阳隧道》。

史密森的许多作品的寿命都是有限的，其中包括他在肯特州立大学内创作的《半掩埋的小木屋》（Partially Buried Woodshed）。当时，他用装满 20 辆卡车的土将小木屋的一部分掩埋起来，并特意让其继续腐烂。如今，这里只剩下了混凝土地基和土堆。

史密森最知名的作品当数《螺旋形防波堤》（Spiral Jetty），这是一条由岩石和泥土构成的螺旋形道路，一直延伸至犹他州大盐湖的深处。

下面是这个作品于 1970 年完工时史密森穿着牛仔服与其的合影。

让我们从旷野回到城市。

在某种意义上,美国艺术家珍妮·霍尔泽创造了一种城市大地艺术。她在公共空间里展示自己的理念,无论是通过打印到广告牌、传单上,还是通过投影到建筑物上——这便是她的作品《自明之理》(*Truisms*)。

1982年,《自明之理》在纽约时代广场的电子广告牌上滚动播放。

为了创作这样的作品,艺术家需要隐藏自己的身形,穿上结实的、不会发出声响的衣服,牛仔服就是霍尔泽的选择。

穿牛仔服的艺术家越来越多。

德国艺术家布林奇·巴勒莫也是其中之一。他是约瑟夫·博伊斯的学生，常用各种色彩和简单图形进行创作。他过着仿佛没有明天的生活，通过性和酒精获得快乐，于 1977 年早逝，时年 33 岁。

在下面这张照片中,巴勒莫站在其作品《镜之物》(*Mirror Object*)的前面。他穿着牛仔裤,裤子正面的两个贴袋鲜明地体现出了"看着我"(look-at-me)这一风尚。

美国艺术家约翰·麦克拉肯在工作时会穿牛仔服。

麦克拉肯创作的雕塑作品外表非常光滑。观者站在雕塑作品前,就像置身于外星图腾前。在下页中,左边照片中的是穿着牛仔围裙和牛仔裤的麦克拉肯,他正在创作,右边照片中的则是已经完工的雕塑作品《霍皮》(*Hopi*)。

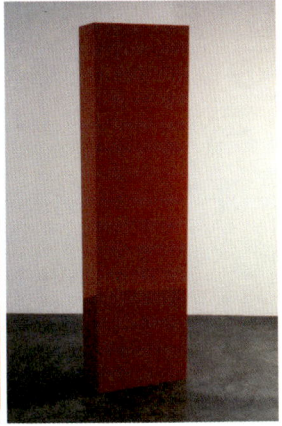

梅尔文·爱德华兹与他引以为傲的作品《双环》（*Double Circle*）合影时，同样身着牛仔服。

今天，我们仍然可以在纽约哈林区的马尔科姆·艾克斯大道和西143街的交叉路口看到这件诞生于1970年的作品。

在 46 年后，爱德华兹仍然穿着牛仔服焊接他的雕塑作品。

英国艺术家理查德·汉密尔顿于 1956 年创作了一幅拼贴画，名为《到底是什么使今天的家庭如此不同，如此有魅力？》(*Just what is it that makes today's homes so different, so appealing?*)。它被认为是第一件波普艺术作品。汉密尔顿也非常喜欢牛仔服，常在日常穿搭中选择各种不同的牛仔服。

下页这张照片中的是 1970 年的他。那时，波普艺术的泡沫已经破灭许久,汉密尔顿早已转而关注政治、民权、室内设计和工业设计。他戴着牛仔帽,穿着牛仔衬衫和牛仔裤,脚上的白袜子格外抢镜。

下面这张照片中的是前文提过的罗伯特·劳森伯格。

在纽约成名后,他于 1970 年搬到了佛罗里达州的卡普蒂瓦岛。在上面的照片中,身着牛仔短裤的他站在自己的房子"鱼屋"前,脸上挂着灿烂的笑容。

牛仔布这种布料正因低调而格外美丽。

下页这张照片中的是前文提过的摄影师彼得·胡加尔。20 世纪 60 至 80 年代,他一直活跃在摄影领域中。早期,他曾为《GQ》《时尚芭莎》等杂志拍摄照片。他既懂得如何塑造时尚形象,又懂得如何利用服装展现人体的生动。下页这张照片是他的自拍,他穿的牛仔裤看起来柔软、灵动而优雅。

1974 年,他拍摄了上面这张照片。1987 年,他死于艾滋病并发症。

胡加尔一生都在悉心地拍摄各种服装,如巴勒莫地下陵墓中包裹着骸骨的布,坎迪·达琳临终前身上盖着的医院床单等。

牛仔服往往伴随着艺术家的一生。即使是不加装饰的牛仔服,即使是被磨损、被撕裂、被肆意"虐待"的牛仔服,都依然承载着叙事的力量。

妮可·艾森曼
Nicole Eisenman

行文至此,我们一直都是从远处观察艺术家、研究服装的意义,以及思忖它们与权利、劳动和自由的联系。接下来,让我们靠近些以看得更具体——就从看看妮可·艾森曼在纽约的工作室开始吧。

艾森曼很擅长让作品与主题建立紧密的联系。我们从上一页展示的作品中就能发现,她的作品平易近人,里面有很多我们颇为熟悉的现代生活的细节,比如《火车上的几周》(Weeks on a Train)中乘客戴的降噪耳机。

艾森曼的作品讲述着爱情、生活、技术进步的荒谬,以及分享经历带来的欢乐。

我清楚地记得她于 2012 年在伦敦公众画廊中的非营利性伏尔泰工作室里举办的第一次大型展览。艾森曼用石膏创作了很多人体雕塑——一对懒洋洋地靠在墙上的情侣雕塑、一个躺在床垫上的单人雕塑等。艾森曼在这里驻留了 1 个月来创作这些雕塑。展览结束后,这些作品都被销毁了。

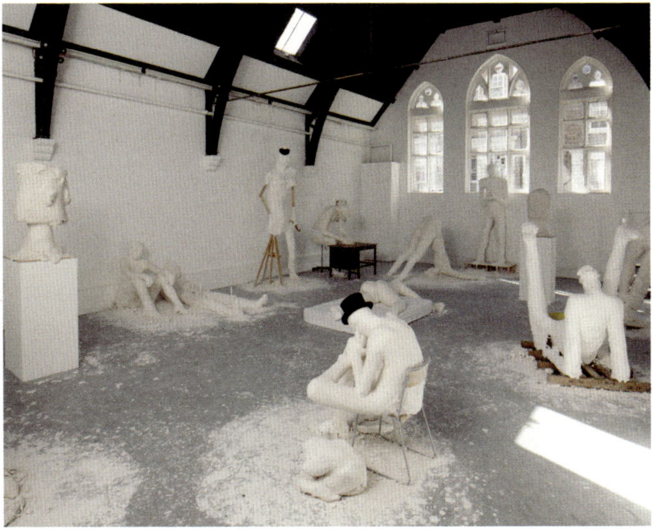

2019年，艾森曼的作品《游行》(*Procession*)入选惠特尼双年展，颇受瞩目。惠特尼双年展是美国当代艺术最重要的盛事之一，当年有75位艺术家参加。

同年7月19日，艾森曼和其他3位艺术家一起要求将自己的作品从该展览中撤出。此举是为了向惠特尼美国艺术博物馆董事会的成员沃伦·坎德斯表示抗议，他是萨法兰德公司的首席执行官，而该公司生产了向美墨边境移民投放的催泪瓦斯。

接下来，又有5位艺术家加入了他们的行列。6天后，沃伦·坎德斯退出惠特尼美国艺术博物馆董事会。

当艾森曼工作时,她会穿什么?

在纽约布鲁克林区的威廉斯堡,艾森曼有一间工作室,艺术家玛丽·曼宁曾在那里与艾森曼共度短暂的时光。曼宁通过镜头捕捉到了彼时的情感与诗意,这超越了语言,让我们能够一睹艺术家的工作环境和着装。曼宁往往会将照片拼贴在一起,就像后几页中展示的那样,以此展现更多深意,构建更多联系,昭示更多未能言说之物。曼宁对衣服的感知很敏锐,我们能从照片中看到曼宁是如何看待艾森曼的。

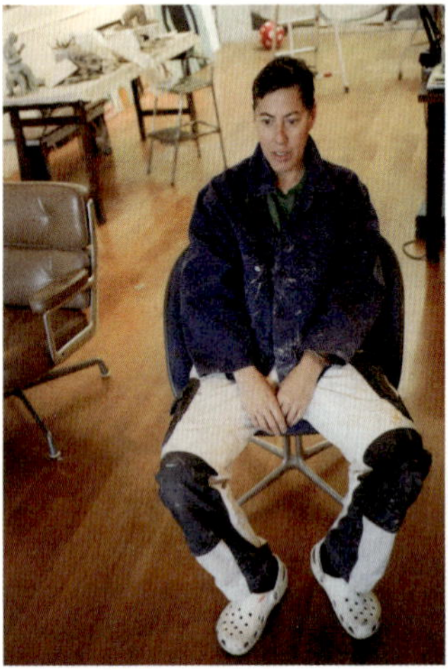

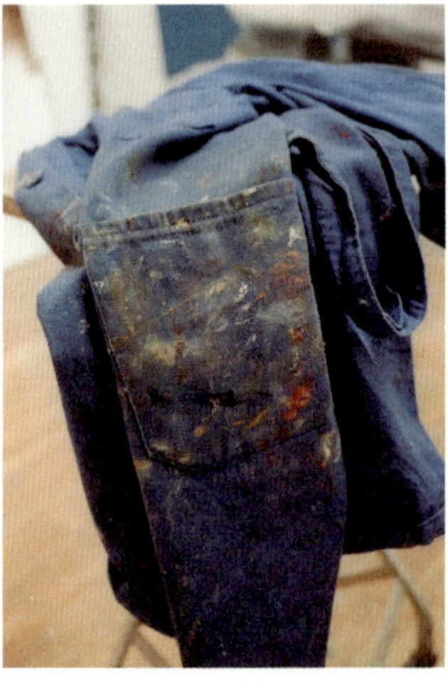

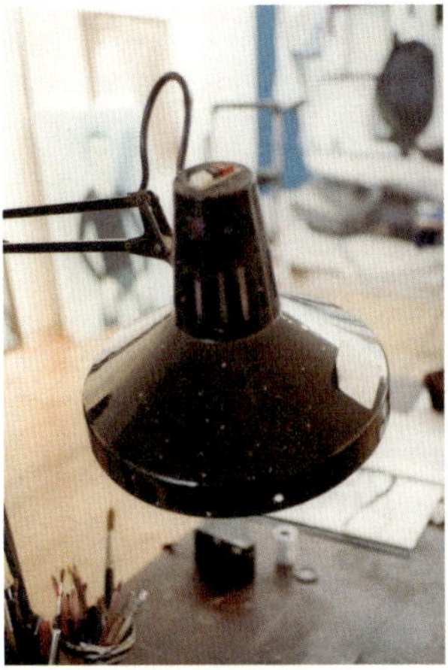

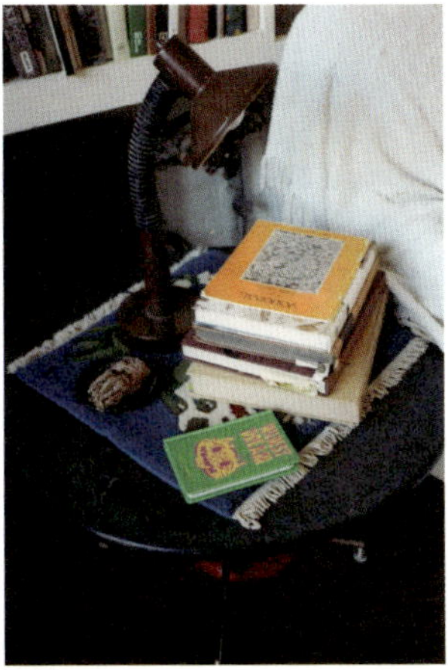

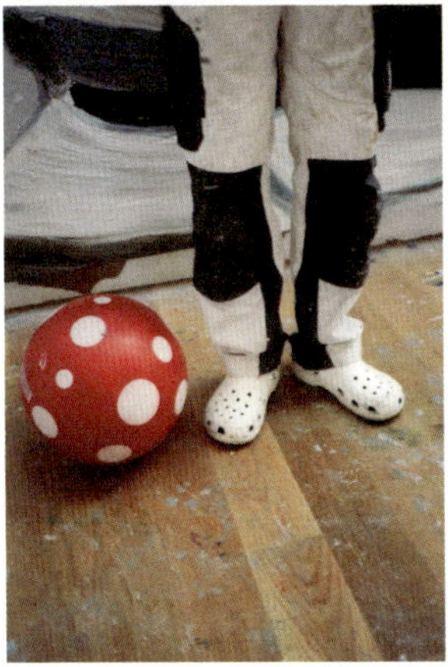

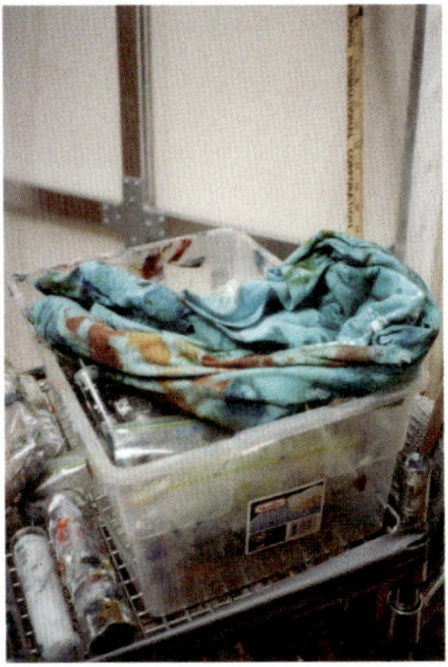

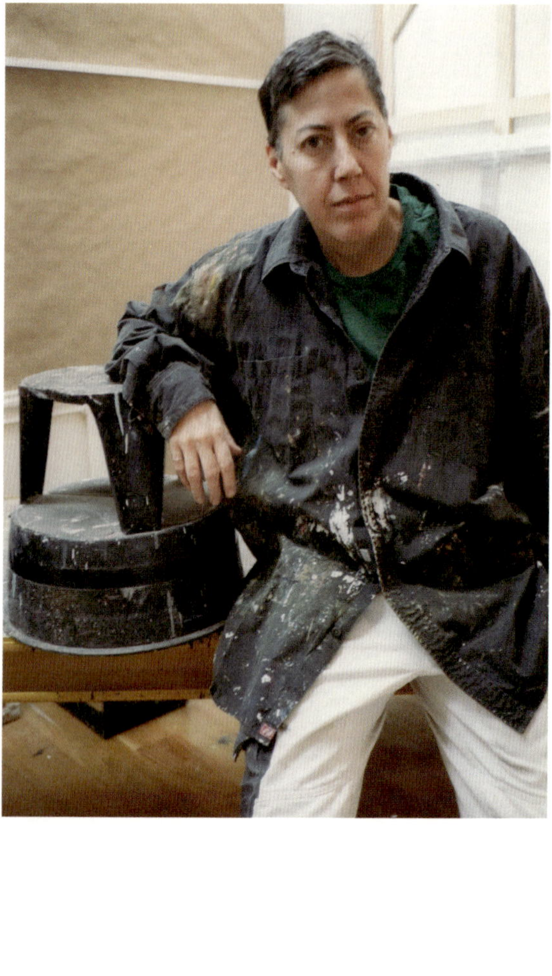

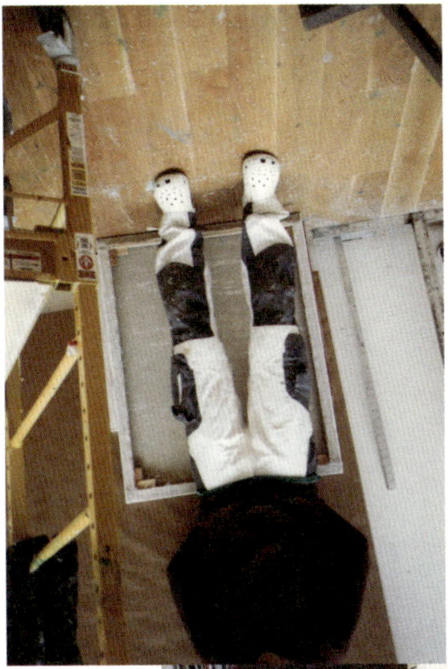

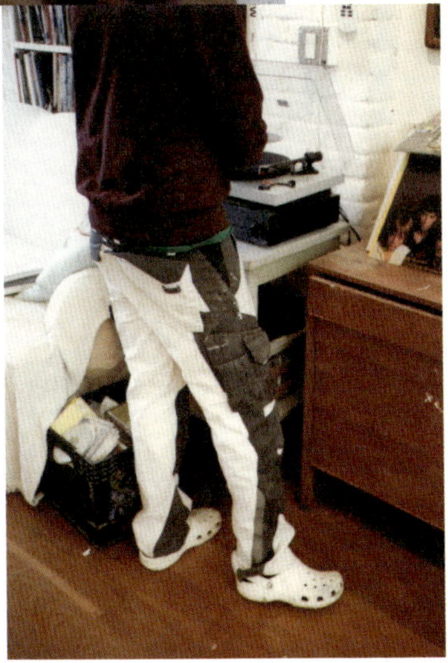

我现在的处境一团糟。奶油色毛衣上有很多污渍，我不记得是怎么弄上的，它们很有可能是咖啡渍。这件毛衣腋窝处还有一个洞，之前我已经缝补过一次，但它还是再次破了。我今天穿的牛仔裤还是3天前穿的那件，当时我穿着它跪在花园里潮湿的土壤上照顾花朵，这条牛仔裤因此变得脏污不堪，但从那天开始我每天都穿着它。我的运动鞋沾满在遛狗时蹭上的泥土。

这对我来说很正常。

5年前，我把一些衣服捐给了伦敦的维多利亚与阿尔伯特博物馆。当时我没意识到，一旦衣服变成收藏品，它就不会再被清洗，而会被维持原貌。

其中一件是Sibling品牌的白色针织衫，上面印有蓝色茹伊印花（Toile de Jouy）。当它首次被展出时，人体模特的手是交叉起来的。我不明所以，走近一看才发现衣服上面有一块鸡蛋留下的污渍。

这就是我的生活方式——我会怀疑过于干净的东西，因为衣服就是用来穿的，衣服上的穿着痕迹是它们所经历过的事情的证明。

本书的第一部分追问的是"什么"。我们已经了解了各种服装及穿着它们的艺术家，而在看到艾森曼的工作室后，我们或许可以进一步思考服装的多种穿着方式以及服装的效用。就像绘制素描一样，在画完基础造型后，就要进一步画出立体感，因此接下来我们将追问的是"如何"。

　　这个问题十分重要,因为在过去的50年里,艺术作品和艺术家之间的界限已经消弭,许多艺术家利用服装进行艺术实践。对人类持续数千年的有痕创作来说,这种转变显得拔新领异。

　　很多艺术家在艺术史、画廊或艺术评论体系中找不到自己的立足之地,有时甚至因为性别、种族而被排斥,因此转向表演行为艺术。他们通过展示自我创造属于自己的领地。在这个领地里,他们可以创作出既大众化又极具个人色彩的艺术作品。

　　在接纳新的艺术形式的同时,我们要进一步研究在创作画作、雕塑等看似传统的艺术作品时艺术家穿着什么。第一步,我们要踏入总是紧闭的艺术家工作室的大门。正如我们在艾森曼的工作室里看到的那样,艺术家的衣服上的颜料是私密的、坦诚的、关乎身体的,它们展现了创作作品所需要的一切。颜料留在艺术家的衣服上,诉说着自己的故事。

服装上的颜料
Paint on Clothing

"她是一位很邋遢的画家。"亚历山大·特鲁伊特这样形容她的母亲、美国艺术家安妮·特鲁伊特。

安妮·特鲁伊特一直在艺术实践中探索色彩的表达方式。1961年,她取得突破——她发现了一种简单的雕塑形式,即让圆柱体、立方体和平面成为色彩的容器。虽然完成这些创作要耗费极多的体力与心神,但她还是被以"极简主义"这种普通的词汇来评价,并被束缚其中。

上页这张照片是1964年拍摄的,当时她站在位于华盛顿的工作室里,身旁是自己的两个作品《卡米洛特》(*Camelot*)和《西班牙大陆》(*Spanish Main*)。

看看她穿的衣服,看看墙壁,再看看那两个作品。衣服和墙壁上留下的颜料昭示着她为了创作而付出的劳动与精力。

"拍摄这张照片时,我才9岁。"亚历山大回忆道,"衣服、工作室的地板,以及周围其他的一切都沾满了颜料。她会先把画笔浸到盛着颜料的碗里,再拿着画笔走到雕塑旁,让颜料滴答、滴答、滴答、滴答、滴答、滴答地滴在雕塑上。接着,她把颜料一点点地抹平。"

特鲁伊特还会将市售颜料混合调配,以创造新颜色。

在那个年代，人工色素逐渐进入人们的生活，包括衣服上的合成染料和管装丙烯颜料。丙烯颜料在当时仍是新奇物什，其品牌会将每种色号进行编码。

1963年，新泽西州的潘通公司推出了其第一套配色系统，并且每年都会发布一款年度代表色。此后，全球的工业色彩实现了标准化，这极大地影响了我们今天的生活。例如，提到红色和黄色，我们下意识想到的可能是麦当劳标准化的红色和黄色；再如，企鹅出版集团商标中经典的橙色，就是潘通色中的021C。

特鲁伊特对色彩有自己的看法。对她而言，色彩是鲜活的、难以被定义的，调制色彩是她一生的事业。"我逐渐意识到，自己真正想做的是让绘画作品离开墙面，让色彩在三维空间里自由地展现，从而纯粹地成为它们自己。"她写道，"这有些像我对自己的身体和存在的思考，在某种玄妙的意义上，我觉得自己就是色彩。"

特鲁伊特从1948年开始进行艺术创作，材料主要是黏土、石膏和石头。她住在华盛顿，并和一位在这里工作的记者结婚，他们共有3个孩子，其中生于1955年的亚历山大是老大。亚历山大说："她会穿艺术家罩衫和蓝色牛仔裤。严格来说，牛仔裤是只属于工作室的衣服，她从来不会穿只属于工作室的衣服外出。"

1961年，特鲁伊特挑了个周末去了趟纽约，第一次参观了画廊和博物馆。她似乎在观展过程中得到了启示,回来后她变得与之前截然不同。那年她40岁,亚历山大才6岁,对她的变化依稀有些记忆。亚历山大回忆道:"她换了个工作室,不再在街对面的那个小房间里工作,而是突然将工作室搬去了一个巨大的建筑里,那里面有些巨大的雕塑。一切的基调都变了。工作室里非常冷,因此她才买了那件绗缝拉链夹克。"

1968年,特鲁伊特登上美国《时尚》杂志5月刊,她穿着的夹克正是1964年的照片里那件绗缝拉链夹克,上面的颜料已经结了块。

上面这张杂志对页中的照片是斯诺登伯爵①拍摄的,文章则是纽约艺术评论家克莱门特·格林伯格写的。20世纪的艺术形式大多以一系列"主义"为名,格林伯格

---

① 英国知名摄影师,曾为伊丽莎白女王、大卫·鲍伊等人拍摄。——译者注

在其中扮演了比较重要的角色。在这篇文章的开卷语中,格林伯格直到最后才提及了特鲁伊特。在此之前,他一直在长篇大论地谈论极简艺术、波普艺术、欧普艺术、集合艺术、新奇艺术、安东尼·卡罗、贾斯培·琼斯、大卫·史密斯等。

这篇文章直观地展现了20世纪60至70年代美国女性艺术家的生活境遇。在艺术评论家无视她和她的作品的同时,特鲁伊特就站在那里,穿着那件溅满颜料的夹克。她露出难以置信的表情,正等待着有人不再简单地通过他人的评判了解她,而是真正地关注她、观察她。

后来,下面这件夹克由亚历山大继承。

请欣赏它前摆的曲线!

下页中的是它的背面。

这是一件由西尔斯·罗巴克公司制造的夹克,在讲艾格尼丝·马丁的工装背带裤时,我们见过这个公司。

夹克里面的标签写着"Ted Williams"(泰德·威廉姆斯),这是一位退役的棒球运动员的名字,西尔斯·罗巴克公司请他来给"活跃的美国人"系列服装代言。注意看,夹克里面也有颜料。

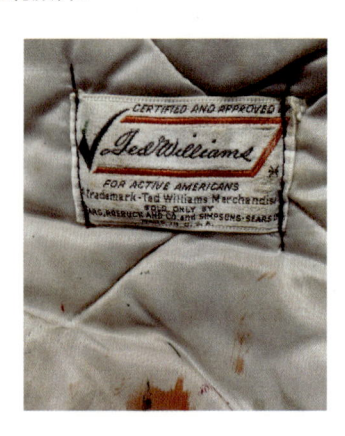

1971年,特鲁伊特和丈夫离婚,并取得了孩子们的监护权。她努力地挣扎着以艺术家的身份谋生,幸运的是,她最终获得了认可:1973年,她在惠特尼美国艺术博物馆里举办了一场中期回顾展;1974年,她又在华盛顿科科伦美术馆办展。但她也经历过坎坷,1975年,她的作品在巴尔的摩艺术博物馆里展出时,画布被人涂成了白色,展览本身也遭到了质疑与批评,连巴尔的摩市市长都给博物馆馆长打电话询问情况。

除了外部的质疑,她要面对的还有内心的失落。位于纽约的安德烈·艾默里奇画廊代理了她的作品,于1975年牵头举办了特鲁伊特的新作展览,但一件作品也

没被卖出去。她写道:"这是我迄今为止遭遇过的最致命的失败。并不是我不习惯失败,而是我太需要钱了。"

在这之后,特鲁伊特越来越专注了。"随着时间的推移,她在创作时更加自如,她称其为'神经性工作',"她的女儿说,"她沉浸于创作中,就像在进行探索,或进行冒险。"

特鲁伊特朴素的衣着能配合她创造那些鲜艳的色彩吗?

她的女儿说:"问到点子上了。她在画室里穿的衣服带有一种中性色彩。在创作时,她需要穿宽松、舒适的衣服,穿女式衬衫会使手臂伸展不开,因此她只能穿大号或者中号的男式衬衫。在 20 世纪 60 年代,没有适合她穿的女装。"

特鲁伊特的作品展现出的精准与明确,来自她在创作时的混乱与自由。

艺术家的服装总是能反映他们的作品,不是只有特鲁伊特如此。在科西马·斯彭德执导的一部短片中,英国艺术家菲莉达·巴洛的创作过程被记录下来。

某个 11 月的清晨,巴洛打开了工作室里的灯。

她带着电钻来到一个雕塑前,开始创作。

接着,她对这个雕塑进行检查。

她给一件大型作品标记上将要切割的路线。

她抬起一根横梁，先把手伸进颜料盆蘸取些许颜料，再用手给横梁上色。

她用绝缘泡沫制作另一个雕塑。

巴洛一生都在不断地创作与破坏，因此对要用的材料早已非常熟悉。她从艺 50 多年，2017 年代表英国参加了威尼斯双年展。然而，她的早期作品几乎没有一件留存下来。

这是现实原因导致的。她创作的往往都是大型作品，储藏它们需要花一大笔钱，因为负担不起储藏费用，所以很多作品都被她销毁了，销毁后得到的材料会被重新利用。

20 世纪 60 年代之后，巴洛一直非常活跃。她很多产，但作品很难被出售，直到 2010 年才有画廊代理她的作品。为了补贴自己的创作费用，她开始在伦敦大学学院斯莱德美术学院执教，最终成为美术教授，塔西塔·迪恩、马丁·克里德、瑞秋·怀特里德等都是她的学生。

对她而言，创作凌乱而短暂存在的作品是对资本主义的抵抗。市场期望的艺术作品是精巧、光彩夺目且可被商品化的，而她对此表示拒绝。

虽然她的后期作品多数被留存了下来，但她的工作室里仍然没有那种被神化的艺术作品。

斯彭德的影片还展示了更多内容。

这件特别的外套有个特写镜头，它的上面沾满了制作材料。

巴洛在后面扶着这个雕塑。

然后把它……

……推到了地上。

她拆开它，想找到一些出乎意料的、让人兴奋的东西。

这件作品创作完成了。巴洛开始扫地。

美国艺术家杰克·惠滕每天都故意让自己的鞋子沾上颜料。

"爸爸每天都穿被喷成银色的运动鞋。"他的女儿米尔斯尼·阿米登在邮件中告诉我。他的妻子玛丽补充道:"他每次离开工作室之前,都会重新喷一下运动鞋,从而让它看起来一直很新、很亮。"

2007 年,惠滕在位于纽约皇后区的工作室外拍下了下页这张照片。照片中,他穿的正是被喷成银色的运动鞋。

探索形式与抽象是惠滕进行艺术创作的立足点，他的作品向绘画本身提出了诘问。2015 年，美国第 44 任

总统贝拉克·侯赛因·奥巴马授予他美国国家艺术勋章。2018年,惠滕离世,享年78岁,当时他的作品在国际上颇受关注。

下面是他于1970年创作的一幅早期作品,名为《致敬马尔科姆》(*Homage to Malcolm*)。

20世纪80年代,惠滕发明了一种技术——先将被涂在画布上的丙烯颜料逐层刮掉,再像创作拼贴画一样把这些颜料重新贴在画布上。他把这种技术称为"镶嵌"(tesserae),原词是一个古希腊词语,意为马赛克装饰中的单个砖块。

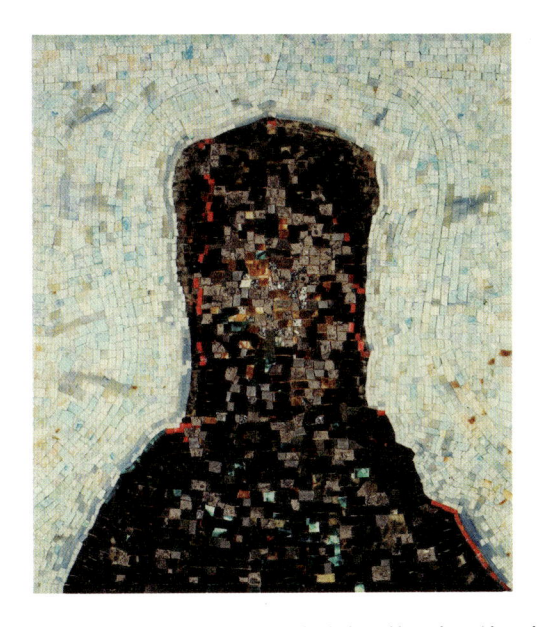

在工作室时,惠滕会在原本的衣服外面套一件画家穿的连体服。"他的连体服上沾满了颜料,我不知道他多久洗一次这件衣服,"阿米登写道,"如果有客人来访,他会换上一件白大褂,上面也满是颜料。他的工作室就是实验室,他用颜料和光线做实验,他的衣服证明了他有多认真。"

阿米登描述了很多父亲的着装细节:"他常戴围巾,也常戴帽子。我上大学那段时间,他总戴着一顶威廉姆斯学院的紫色棒球帽,帽子上的'W'代表威廉姆斯(Williams)。当然,我们一直觉得那个'W'代表惠滕

(Whitten)。此外,有几年他一直戴着一顶汽车经销商的帽子,不过他涂黑了上面的标志,因为他不想成为那家公司行走的广告牌。"

惠滕出生于种族隔离严重的年代,他在亚拉巴马州的一个贫困家庭中长大。童年时期,衣服是他引以为傲的东西。1994 年,他曾说:"当需要衣服却没钱买的时候,你知道我的妈妈会怎么做吗?她会去军用剩余物资商店买一件旧衣服,拿回家先一点一点拆开,再重新缝制,这样我就能得到一条新裤子。"

惠滕一直穿得很夺人眼球。"在工作室外,他的衣着很整洁,上面没那么多颜料。"阿米登说,"他很喜欢在开幕式上盛装打扮。他会收集胸针,而且会根据不同的观众进行调整,有时戴珐琅章鱼胸针,有时戴闪闪发光的蜘蛛胸针,有时戴红色蜥蜴胸针,有时则戴胶木苏格兰梗狗头胸针。他常佩戴一条细长的银色飞鱼项链,还常戴一顶自己喜欢的帽子。他总是精神抖擞,并希望我们也能精神起来。"

下面是艺术家阿尔瓦罗·巴林顿在 2017 年拍的一张照片,惠滕和他的雕塑作品《量子人(第六个入口)》[*Quantum Man(The Sixth Portal)*] 在纽约豪瑟沃斯画廊进行了合影。看,他戴着小鱼胸针!

让我们再看一张惠滕在20世纪70年代中期的照片吧。

在下面这张照片中,惠滕满身都是颜料,穿着他的哥哥比尔所在的公司制造的T恤衫。在迈克尔·杰克逊演唱《战栗》(Thriller)的那个年代,比尔曾为杰克逊设计服装,比如杰克逊那标志性的手套就是他设计的。

接下来,让我们看看另一位艺术家——杰克逊·波洛克。当谈到他并联想到他的作品时,你可能觉得他很邋遢①,对吗?我在波洛克-克拉斯纳故居和研究中心的网站上,找到了这张鞋的照片。

我发了一封邮件,征求对方的授权,表示自己想在本书中使用这张波洛克的沾满颜料的鞋的照片。

对方回复:"这不是波洛克的鞋,而是他的妻子李·克拉斯纳的鞋。

我真是闹了一个大乌龙。实际上,下页这双干净的棕色乐福鞋才是波洛克的。

---

① 波洛克的抽象表现主义绘画作品往往是即兴完成的,他会让颜料随机滴、甩、流到画布上,从而使颜料纵横交错,因此他及其作品会让人留下这种印象。——译者注

此后，我仔细观看了波洛克在创作时的照片和录像，才发现他会弹掉身上的颜料，让它们滴落在放于地板上的画布上。

波洛克酗酒，并患有精神疾病。纽约艺术界迷恋这位男性天才艺术家的作品，而他的妻子克拉斯纳则几乎一生未被纽约艺术界重视，她的作品隐藏在波洛克的名声之后。近年来，她的作品才逐渐走入大众视野。

我喜欢布满污渍的鞋子。

英国艺术家尚塔尔·约菲经常画自画像，也经常给爱人画肖像画，她用作品记录着自己的生活。我记得她提过自己常穿洞洞鞋，于是给她发了一封邮件，问她能否提供一张她在绘画时穿的鞋的照片。

"我在绘画时不穿洞洞鞋！"她回答道，"虽然我很喜欢穿它，但滴落的颜料有时会从洞里穿过。绘画时，我穿的是一双很旧的毡面木底勃肯鞋。"

第二天早上,她在工作室里拍了下面这张照片。

勃肯鞋仿佛和地板融为一体了。

"这双鞋我已穿了差不多 5 年,"她写道,"我从来不穿它出门,因此它可能很久才能被穿坏。新买的鞋让人感觉有些不适应,因为上面的灰色毛毡太新了。我最初会觉得把新鞋弄脏不太好,但很快就会忘记它是新的了。"

约菲说,她曾画过一幅穿着银色勃肯凉鞋的自画像。

她持续地作画,勃肯鞋上的颜料是她投入工作的证明。约菲虽然是英国人,但在美国出生。"我时常回忆起小时候看过的一档电视节目《罗杰斯先生的邻居》,"她说出了一个我从来没听过的节目名字,"在每个片头,主持人都会前往一间房间,脱掉西装,换上开衫,再换双鞋子。我也是这样,到了工作室就换鞋,并穿上作画专用的衣服。"

关于艺术家的鞋，故事还有很多。

某天晚上，我和英国艺术家凯伊·多纳奇一同喝酒，她提到自己在绘画的时候常穿运动鞋。她的作品大多具有叙事性，充满渴望，主题通常是女人。

几天后，我发邮件问她："我们那天是不是聊到了运动鞋？"多纳奇回复道："我们确实聊到了运动鞋！我只穿耐克品牌的运动鞋绘画。以前那双鞋上溅满了颜料，最后被油泡烂了，现在这双好一些。"

她提到的油指松节油，即一种用来稀释油画颜料的有毒化学物质。之后，她还给我发了下面这张她每天绘画时都会穿的T恤衫的照片。

这些溅满颜料的衣服被日复一日地穿着，成了艺术家工具箱里的一部分，也成了艺术实践的"活历史"。

围裙是艺术家在绘画时穿的经典服装。下面左边这张照片中的围裙是马特·康纳斯的，就挂在他位于纽约东村的工作室的门后。下面右边的是他在发来围裙照片1个月后展出的一幅作品，名为《光之键盘》（Keyboard of Light）。

康纳斯生动地对我讲述了抽象画的创作难度，围裙上沾满颜料是他用特定的工作方式创作的结果。

"我的创作习惯不太固定，也没有什么规律，因为我的脑子同时在想很多事情。例如,我总是同时画 6~12 幅画。我的画几乎都是在锯木架上平铺着被画完的,因为画布多数没上底漆,而我用的是流动性很强的液体颜料,如果不平铺画布,我就很难控制它们。在这么多年的创作中,我学到了很多控制液体颜料的方法。"

在下面这幅名为《哀悼基督》(*Pieta*)的画作中,我们可以体会到颜料的流动感。

康纳斯的围裙上斑驳的痕迹反映着他对颜料的选择。

除了液体状的丙烯颜料，他还会用油画颜料。前者是合成的，后者是天然的，它们按理来说不应该出现在同一幅画中，但康纳斯却同时使用它们作画。下面这幅《重复的克拉丽丝》（Repeat Clarice）就是用油画颜料、丙烯颜料和蜡笔完成的。

"将流动性极强的丙烯颜料和仓促准备的油画颜料结合使用,会导致颜料滴得到处都是,但我一直在用这种方法进行痕迹创作。"他写道,"我常用手指蘸取一些滴落、溢出的液体颜料,然后将其擦拭到其他作品上。油画颜料一般会在手上留下很多,在用围裙将其擦掉之前,我会看看画中哪里还需要补充颜料。"

前面那张照片中的围裙已经被康纳斯穿了 10 年,我喜欢的许多作品都在上面留下了痕迹。"我马上要换一条新的围裙了,这件围裙的挂绳已经断了好几次。"康纳斯说,他已经看中了纽约某家店里的新围裙。

并非所有艺术家都会公开自己在创作时穿的衣服。

我很喜欢下页这张照片,这是塞西尔·比顿在 1960 年拍摄的:弗朗西斯·培根坐在画室里,周围一片狼藉,但他的身上并无一丝颜料。他的生活和工作都很混乱,无论是在情绪上、身体上,还是在心理上。但是,为什么这些没在他的着装上表现出来?

培根一直独自作画。他的朋友迈克尔·佩皮亚特说过,培根在创作时会穿破旧的衣服:旧晨衣、旧裤子,并配一件毛衣。在作画结束后,他就会换一身衣服,前往纽约苏荷区参加社交活动,喝个酩酊大醉。

当他邀请摄影师来画室里拍摄时,他仍处于社交状态。

他的身上一尘不染，而窗帘上则有很多手印，手印甚至延伸到高处——显然，培根常用它来擦手。这种对比不禁让人好奇，他在绘画时穿的衣服是什么样的？为什么他不想让这些衣服公之于众？

1974 年，在培根搬到南肯辛顿的马厩画室之前，比顿还为他拍过一张照片，当时培根已经在旧画室待了 14 年。搬家后，他一直在马厩画室里生活，直到去世。

在上面这张照片中,他的衣服仍然一尘不染。

培根是一位控制欲很强的艺术家,这种控制欲在上面这张照片中就有所体现。培根想让人们看到他的画室之脏乱,但他也想让自己显得游刃有余,于是穿上了时尚、干净的衣服。但我们仔细看看这张照片,在那堆破布上的是什么?那是一条随意摆放的裤子,上面沾满了颜料。

培根于 1992 年去世。1998 年,他的整个画室,包括墙壁、天花板乃至房间里的灰尘,统统被打包运到了都柏林休雷恩市立现代艺术美术馆。馆方花了 3 年的时间还原了 7000 多件物品的摆放位置,重现了该画室的原始模样。

在该画室的门口,馆方用有机玻璃隔出了一个角落,这使观者可以站在一个比较密闭的空间里去观察画室内部。站在这里,观者能看到很多东西,比如培根工作和思考的痕迹。我观察了好几分钟才发现,在有机玻璃另一边的椅子上搭着一些衣服。正如他的朋友佩皮亚特所说,那是一件旧晨衣、一条旧裤子和一件毛衣。于是,我拍下了这张照片,其中旧裤子被盖在这堆衣服下面,刚好没被收入镜头。

这才是培根在创作时真正穿的衣服。

我询问馆方是否存有培根画室里每件衣服的记录清单,于是对方给我寄来了一份,上面列有 45 件衣服,我会尽量在此描述出来。

培根的腰围约为 81 厘米，裤腿内侧的长度约为 79 厘米。他的许多裤子都属于玛莎百货旗下的 St Michael 品牌，该品牌如今已经不存在了。这些裤子多是用羊毛和涤纶的混纺面料制造的，其中只有一条是牛仔裤，它和其他裤子一样又脏又皱，并沾着颜料。

接着，我要介绍的是 3 件晨衣。馆方展示的那件是最干净的。在另外两件中，一件是浅蓝色的，也属于 St Michael 品牌，背面有一片黄色污渍，腋下和下摆处有几块黑色污渍；另一件是蓝色的毛巾浴袍，上面沾有大量颜料，仿佛将它放在地上后它自己都能立起来。

所有羊绒毛衣上都溅满了颜料。不知道为什么，在一张羊绒毛衣的照片中，那件毛衣旁边放着一把锤子。还有一套红色条纹睡衣，其看起来就像是擦颜料的抹布。

此外，有 9 双系带的鞋，多数是运动鞋，他的鞋码是英国 8 码。在绘画时，他穿的是一双精致的皮拖鞋，鞋跟已被踩塌。记录清单上列出了 3 只皮拖鞋，都不是成对的。其中，1 只左脚的黑色皮拖鞋属于北安普敦[①]的 Church's 品牌。颜料在皮革上留下了痕迹，这些皮拖鞋成了培根进行绘画创作的珍贵见证。

馆方还保存了他在社交时的服装清单。其中，第 15 件是一件橄榄褐色的系带皮衣，标签上写着"JAEGER

---

① 英国制鞋重镇，有许多历史悠久的手工制鞋品牌。——译者注

LONDON PARIS NEW YORK MADE IN ITALY"（耶格品牌，伦敦、巴黎、纽约，意大利制造）；第 16 件是一副棕色的面罩式墨镜。

培根穿着这些衣服社交、饮酒。回到画室后，他换上那些无人知晓的旧衣服，开始作画。

约瑟夫·博伊斯
Joseph Beuys

在生命最后的 25 年里，德国艺术家约瑟夫·博伊斯始终保持着同样的装束：礼帽、渔夫背心、白衬衫、蓝色牛仔裤。这个造型使他成为 20 世纪最有个人辨识度的艺术家之一。

博伊斯说，人人都是艺术家，艺术是"唯一的政治力量，唯一的革命力量，唯一将人类从一切压迫中解放出来的力量"。他致力于提出异见、践行行动主义、发起对话与维护和平。他的作品主要包括行为艺术作品，以及被他称为"行动"（actions）的即兴表演作品，比如利用大量黑板画进行公开演讲。此外，他用脂肪、毛毡等对他来说具有象征意义的材料，创作了影响后世的雕塑作品。他时常旅行，远离商业画廊，不断拓展艺术的边界，探索艺术的更多可能性。

这一章里的照片都是卡罗琳·提斯达尔拍摄的。20 世纪 70 年代初，为《卫报》写艺术评论文章的她遇到了博伊斯。当时，二人在政治、历史和不公正等方面上有相同的见解，于是成了朋友，之后又成了旅行伙伴和合作者。

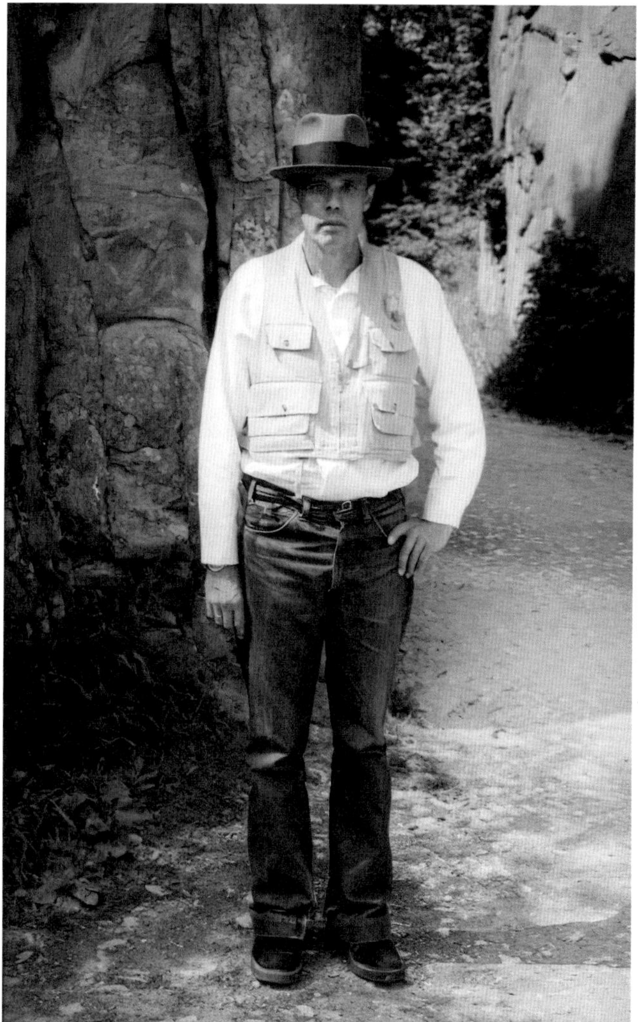

二人的友谊一直延续到 1986 年，64 岁的博伊斯于那年去世。提斯达尔曾给博伊斯起过一个昵称——乔西。可以说，提斯达尔是解读博伊斯的生活与艺术的专家。

如今，提斯达尔是一位成功的赛马主，隐居在英国多塞特。她的房子原本是一座木结构的修道院，建于 16 世纪初。某个星期天下午，我前往她的住所喝茶，到门口时发现大门开着，随即摇响了门铃——那真的是一个铃铛，带有弯曲的金属手柄。

我们坐在花园里，太阳从提斯达尔的身后落下。"博伊斯深信材料的力量，他所说的材料包括他的服装及其布料。"她说，"他使用的每样东西都有作为材料的意义，这是他进行艺术创作的基础。或许和其他艺术家不同的是，他把自己也当成一件艺术作品。"

博伊斯所穿的衣服很实用，能让他专注于艺术创作。"他看起来就像穿着制服，它们穿起来方便、用起来高效——舒适的棉质衬衫、牛仔裤，以及口袋很多的渔夫背心，再配上他的帽子。这套装扮具有非常独特的风格，在认定此种风格后，他就不用再去思考每天该穿什么了。"提斯达尔说。

20 世纪 60 年代，40 岁出头的博伊斯成为激浪派的一员，并逐渐受到关注。提斯达尔说，他的标志性形象是从那时出现、发展并定型的。博伊斯曾在德国空军中服役，1944 年他在一次空难中头部受伤，险些丧生。提斯达尔回忆道:"他从战后就一直戴着礼帽,既为御寒,也为保护头骨里的金属板。"博伊斯的礼帽是由伦敦的Lock & Co.Hatters制造的。

从飞机失事中捡回一条命成了博伊斯的个人神话,他的服装亦是如此。博伊斯曾自述道:"这顶帽子就像(我的)另一个头,代表了(我的)另一种人格。人们如果不了解它的含义,就会认为这只是我的标志性穿着。简言之,这顶帽子本身就足以行使一定的功能,并成为传递信息的载体,隐匿于帽子后的我已经不再重要。"

提斯达尔有一顶博伊斯的帽子。提斯达尔告诉我："他给了我一顶帽子,为了他自己,也为了他回来后我们的下次见面。"这就是博伊斯和他的服装的双重特质:服装既具有实用性,又像一件帮他穿梭于精神领域的"太空服"。

渔夫背心有很多功能。提斯达尔说:"我经常钓鱼,因此一直穿渔夫背心。它们很便宜。我一共有4件左右,里面塞满了东西,其中甚至有用于飞钓的饵料。对博伊斯来说,这是理想的穿着,有那么多口袋就不需要带手提包了。"

下面这张照片拍摄于1977年,博伊斯正在搅拌一锅油脂,以创作作品《油脂》(Tallow)。

博伊斯经常穿李维斯牛仔裤。他比爱穿李维斯牛仔裤的安迪·沃霍尔早出生了7年,二人曾合作过。

博伊斯的衬衫是德国生产的。"(衬衫是)棉质的,十分厚实。他非常讲究,一件干净、漂亮的衬衫会让人心情变好。"提斯达尔说。

博伊斯有两件长款大衣,一件是有皮毛内衬的,另一件是皮毛一体的。

1974年,提斯达尔在北爱尔兰的"巨人之路"上拍下了下面这张照片。

"他的辨识度很高。"提斯达尔说完,突然觉得这是一个悖论——她想说的不是"他",而是"它",即博伊斯的衣服。

"一方面,他的衣服被人们忽视,仿佛消失不见;另一方面,他的衣服取代了他的位置。也许没有博伊斯,这套衣服也能继续存在。"也就是说,他的衣服既是"隐形"的,能让博伊斯不受干扰地创作,又是如此有标志性,凭借极高的辨识度几乎取代了博伊斯本人。

或许,他的衣服已经以他意想不到的方式被"传承"下去了——这套造型一直被时尚界反复模仿。2015年1月,时尚杂志《Dazed》提问:"约瑟夫·博伊斯和巴黎男装秀有何联系?"回答:"设计师和造型师都从博伊斯身上获得了灵感。"

不过,博伊斯本人可能并不认可这种做法,因为他反对"消费主义生产"。1969年,他曾说:"我越思考这个问题,越觉得我只创作几件作品就够了。我想尽量只创作那些有一定重要性的作品。我对生产不感兴趣,我进行创作既不是为了创造商业价值,也不是为了纯粹地欣赏它们。"

1979年,他警告世人:"(如今存在)一种只对物质条件感兴趣的文化——为了获得一些物质条件,人们开发地球资源,攫取利润,为强势的极少数个人或机构谋取利益。"

距离这席话现世已经过了 40 余年。今天，全球奢侈品时尚行业被两家集团主导：开云集团和酩悦·轩尼诗-路易·威登集团。

前者手握古驰、圣罗兰等品牌，其董事长兼首席执行官弗朗索瓦·皮诺特坐拥 434 亿美元净资产；后者则掌控迪奥、路易·威登等品牌，其董事长兼首席执行官贝尔纳·阿尔诺是全球第二富有的人，拥有 1554 亿美元净资产。①

来拜访提斯达尔之前，我一直有个关于下面这张拍摄于 1972 年的博伊斯的照片的疑问。

---

① 此为作者写作当年的情况。——译者注

1961年，博伊斯被任命为杜塞尔多夫艺术学院纪念性雕塑系教授。其间，他鼓励学生参与政治活动。1972年，他违反学校的限招政策，因超额招生而被解雇。同年10月11日，他与数百名学生共同发起静坐抗议。2天后，他随警察一起离开大楼。下页这张照片记录了他离开大楼时的情景，上面写着"Democracy is Merry"（民主是快乐的）。

这是一张个性鲜明的照片，坚持异见的博伊斯咧着嘴笑了起来。当时他51岁，这个年龄的人做这些事非常罕见，他的着装也挑战着人们对中年男人安定、合群、权威的刻板印象。

他的服装的力量不正是来自这种与众不同吗？在上页这张照片中，他与周围的警察形成了鲜明对比，看起来是一个具有激进主义倾向的人物。听了我的观点后，提斯达尔沉吟片刻后道："我明白你的意思，但我认为他穿成那样不是在挑战资产阶级，且挑战资产阶级也不是他的主要动机。"

虽然这些衣服不是定制的，而是具有功能性的，但这不意味着博伊斯不在乎自己的外表。"他总是打扮得很不错，衣服熨烫平整、干净得体，这让他显得彬彬有礼。"提斯达尔回忆道。

听罢，我道出了自己的猜测："那个时代的联邦德国男性是否都会这样穿衣？"

"这个想法不错,你可以继续调查一下。"她答道。

在博伊斯那一代人中,那些曾在德国军队中服役,战后借着经济生产力的发展找到了一条体面道路的人,他们的穿着通常追求合身、时尚、现代、有商业感。

博伊斯曾说,逃避过去是危险的。他坦诚道,自己小时候一度打算参战,虽然他并没有这么做,但他一直很清楚,参加战争的冲动仍然存在于人类身上。

博伊斯的服装表明,他关心的不是工业和资本主义的发展。"博伊斯是在制服及其象征的环绕中长大的。一个人穿的制服代表着他的身份,对吗?然而,博伊斯把这件事颠倒了,这种做法很大胆。"

"你对服装的见解很有趣。服装让他与你我有所不同,这既是基本的,也十分深刻。"在聊了一个多小时后,我们结束了这段对话。

艺术中的服装
Clothing in Art

穿着衣服的我们或许正在表演。我们扮演着某个角色，就像博伊斯一样。这个角色可能是我们所欣赏的，可能与真实的我们大相径庭。我们已经融入这个角色，甚至忘记自己是在表演。每时每刻，只要穿上衣服，这场演出就难以休止。

在过去的50年里，随着传统的着装规范逐渐土崩瓦解，这种表演的倾向愈发强烈。关于穿衣，我们的选择越来越多，时尚界也在向大众宣扬所谓的"理想的个人风格"。基于此，时尚界一路蓬勃发展。虽然我们可能不愿意承认这一点，但许多人确实是自愿的表演者。

种种关于服装的变化催生出了行为艺术。20世纪70年代，许多艺术家都像博伊斯一样反抗传统，他们的行为艺术超越了艺术的传统含义与场所，超越了画廊和博物馆对艺术的既定概念，很难用某个术语来描述。

行为艺术家将服装视为创作的素材，但利用服装不是行为艺术独有的，其他艺术家，如辛迪·舍曼，也会将自己的身体、所穿的服装作为作品的主题。

那么，这些艺术家能告诉我们什么呢？比如，我们是如何穿衣服的？我们是如何一直假装自己没在表演的？

1973年,林恩·赫舍曼·利森入住旧金山的但丁酒店时,登记的入住人姓名不是她的本名,而是罗伯塔·布雷特摩尔。

实际上,这开启了一场为期5年的实时个人表演。她并不是在扮演某个角色或假扮某人,而是创造出了一个虚构的自我。这个自我是一件艺术作品,这场表演是一种处于萌芽阶段的特定场域行为艺术。赫舍曼·利森从此开始打破艺术的界限。

"关于罗伯塔,我甚至很难用'表演'这个词来形容她。对我而言,这是一场对现实模糊性的调查。"在网络

电话里,她对我如是说。

罗伯塔有自己的人设:她在童年时期一直被虐待,是一位抑郁症患者;她拥有自己的驾驶证、信用卡、银行账户,甚至拥有个人的笔迹。她会与人约会,会接受心理治疗,也会试着去找工作。当她存在时,其着装是固定的:一件连衣裙、一件开襟羊毛衫、一顶假发。

下面这张照片记录的是1975年罗伯塔在联合广场公园和约会对象欧文见面的场景。

"那套衣服是她花5.99美元买的,"赫舍曼·利森说,"她没剪价格标签,把它露在外面,这样别人就能看到她为此花了多少钱。当然,这是为观者展示出来的,是她的人设的一部分。"

罗伯塔的服装颜色是被精心挑选出来的。赫舍曼·利森说:"意识的各个阶段对应不同的颜色。罗伯塔虽未脱离蒙昧,但已经逐渐产生自我意识。她一直穿着相同的衣服,直到她不再存在,因为她从未真正地逃离环境的牢笼。"

旧金山有时很冷,此时她会怎么穿?

"噢,她之前会穿一件夹克,即一件与其他衣服为同色系的麂皮夹克,后来它被偷了。"

它是在哪里被偷的?

"我认为是在一次会议上。"

除了服装以外,化妆对塑造罗伯塔而言也非常重要。

"在那个年代,化妆就像戴面具。"赫舍曼·利森说,"那时的化妆品很厚重,而且容易结块。我在很多化妆教学杂志上都能看到分区化妆图,媒体认为这样化妆能让人变得特别有吸引力。"

Constructing Roberta Breitmore
① Lighten with Dior eyestick light. ② "Peach Blush" Cheekcolor by Revlon. ③ Brown contour makeup by Coty. ④ Shape lips with brush, fill in with "Date Mate" scarlet. ⑤ Blond wig. ⑥ Ultra Blue eyeshadow by Max Factor. ⑦ Maybelline black liner top and bottom. ⑧ $7.98 three piece dress. ⑨ Creme Beige liquid makeup by Artmatic.

"对罗伯塔而言,化妆是她下意识的做法,她试图"取悦"男权制的审美标准,但又想试着做自己,这很难做到。"赫舍曼·利森通过塑造罗伯塔,展现了 20 世纪 70 年代美国女性经历的陷阱、遭遇的创伤。

随着表演的推进,罗伯塔越来越沮丧,于是开始接受心理治疗,她在治疗过程中的照片被做成了下面这张《罗伯塔的肢体语言表》(*Roberta's Body Language Chart*)。

"我去见了她的心理医生,医生说他发现罗伯塔从来都不换衣服。"

心理医生当时知道她的情况吗?

"你是不是想问——他知道她是一件艺术作品吗?不,完全不知道。"

那心理医生是什么时候知道的?

"在她不再存在之后。"

心理医生对此说了什么?

"他说,如果早知道这是一件会公之于众的艺术作品,他之前给她写信时会更认真,因为信里有拼写错误。这位医生非常幽默。"

虽然罗伯塔去见了多次心理医生,但心理治疗并未彻底改善她的心理状况。下面是一张 1978 年的摄影作品,名为《罗伯塔在金门大桥上想寻短见》(*Roberta Contemplating Suicide on the Golden Gate Bridge*)。

"她虽然很想逃离那个时代,但做不到。她是那个时代的一部分,她的身体特征,包括服装和外貌,都让她体验了被禁锢的感觉。"

1978年,在意大利费拉拉的卢克雷齐娅·博尔贾的坟墓前,罗伯塔的一生正式结束。如今,《罗伯塔·布雷特摩尔》(Roberta Breitmore)这一作品被许多学者、艺术评论家认为是20世纪最重要的行为艺术作品之一。

在罗伯塔存在的那些年里,赫舍曼·利森仍然过着自己的生活。赫舍曼说:"我们彼此独立。我有非常、非常多衣服,而当我戴上假发、穿上她的衣服时,我就进入了她的生活框架。我能完成这件作品都是她的功劳,是她让事情变得更容易了。"

下面是短片《利森变成罗伯塔》(Lynn Turning Into Roberta)的一张截图。

赫舍曼·利森一生都在创作拓展艺术边界的作品。近年来，她在研究DNA和抗体："我做的很多事情都是人们觉得我不会做的或不知道是什么的，这就是颠覆的一部分。"

颠覆也是创作的乐趣之一吗？

"是的，在20世纪70年代，我身为一名女性，没有什么自由选择的余地。"她说，"因此，能做被人认为是狭隘的、不能做的事，并以此为自己的未来铺路，这让人很兴奋。"

赫舍曼·利森如何定义行为艺术？

"我认为行为艺术是一种精神境界，它能否被人看到往往并不重要。观者可以10年以后再来看，这丝毫不影响行为艺术的意义。"

的确，如今的行为艺术依旧如此。

某年9月，日本艺术家土屋丽离开她位于格拉斯哥的家，前往英格兰西南部的自然保护区达特穆尔，这里的面积接近1000平方公里。在此，她和老搭档、摄影师兼电影制作人本·汤姆斯一起拍摄了电影《给我们一声"喵"》(Give Us a Meow)。

土屋丽的作品包括陶瓷作品、服装作品和行为艺术作品。为了这次旅行，她特意做了一些衣服。某天早上7点半，她在一座修建于13世纪的桥上举办了一场个人走秀。

这场走秀根本不需要观众,土屋丽穿着这些衣服颠覆了自我。她站在桥上,超越了时间,超越了孤独。

正当赫舍曼·利森创作《罗伯塔·布雷特摩尔》时,大学生辛迪·舍曼开始创作自拍摄影作品。

创作伊始,服装就是舍曼的艺术核心。在 1975 年拍摄的《气动快门线时装》(Air Shutter Release Fashions)中,她把快门线缠绕在裸露的身体上,勾勒出不同服装的轮廓。她选择的许多服装都暗含着社会对女性的物化,其中包括《花花公子》杂志中的兔女郎装扮。

此后,舍曼开始在照片中布置不同的场景,亲自扮演各种无名角色。她在相机镜头前表演着行为艺术——她穿上自己的衣服,并戴上假发、化上妆。舍曼的穿着展示着性别刻板印象、社会典型形象,以及担忧、悲伤、自豪、惊恐等各种情绪。

"服装是我的作品中非常重要的一部分,因为服装是一条重要的线索,它昭示着角色的个性。"她在电子邮件中写道,"我觉得,服装不仅在我的作品中是这样的,在每个人身上都有这样的特性。"

舍曼的摄影作品多是巨幅印刷品,比真人还要高。从 20 世纪 80 年代开始,她的作品多数没有正式的名字,只有一个编号。下面这张照片是她于 1981 年创作的《杂志插页》(Centrefolds)系列作品中的一幅。

有时,她的拍摄主题非常具有辨识度。比如,下页这张照片是以上流社会人物为原型的系列作品之一,照片里的人穿着华美的衣服,却流露出不满的神色。

有时，舍曼会用服装和风景来塑造潜藏在意识边缘的形象。下页这张照片是《童话》(Fairy Tales)系列作品中的一幅，舍曼穿着一件格子连衣裙，质朴的棉布和

亮色的格子花纹让人联想到春天与纯真，而她却迷失在黑暗森林中，显得迷茫而害怕，棉布和格子花纹原本代表阳光的内涵反而加剧了这种对比。

虽然对舍曼的艺术而言，服装至关重要，但它不是艺术本身，也从未被单独当成艺术作品展示。除非能再次利用，否则她不会保留这些衣服。

舍曼并不迷信出现在她的作品中的服装，因为利用服装只是她进行创作的一种手段，服装只会出现在每个作品的封闭世界里。她穿上某件衣服出现在作品中，就像在提出疑问——为什么这件衣服有这样的含义？谁会穿它？我们如何看待穿它的人？我们的看法是否公平？

服装塑造了角色。"一件有趣的衣服能激发创造角色的灵感，这非常奏效。"舍曼写道，"我做的很多事都是在反复试错，从而看看哪些可行。"

她一直在寻找新的表演服装："无论是在旧货店里还是在跳蚤市场上，甚至是在买个人用品时（我可能永远不穿自己买的某些衣服，但可能使用它们），我都总是在找有趣的单品。偶尔，我也会在网店和实体店里买一些特定的东西。比如，在《小丑》（Clowns）系列摄影作品里，我想让画面中充斥着鲜亮、多彩、拥有褶边的东西，但我又不想买真正的小丑服装。"

下页这张照片是《小丑》系列摄影作品中的一幅，她并没穿小丑服装。仔细观察，你会发现她的身上穿着的都是消费主义时尚产生的"碎屑"。

舍曼能够打破服装的原本形式。"我会让衣服'乾坤大挪移',比如用裤腿做袖子。如果能使作品效果更好,我也会上下颠倒地穿衣。"

1983年,舍曼创作了一系列质疑时尚形象的作品。当时,《采访》杂志要为她做一篇报道,一家美国服装店为她提供了一件由让-保罗·高缇耶设计的定制服装。这件上装的长度比一般上装的要长,肩部的设计十分夸张,与合身的腰部设计形成了对比。

当时,她在笔记本上写道:"具有攻击性的衣服……丑陋的人(脸或身体)和时髦的衣服。"

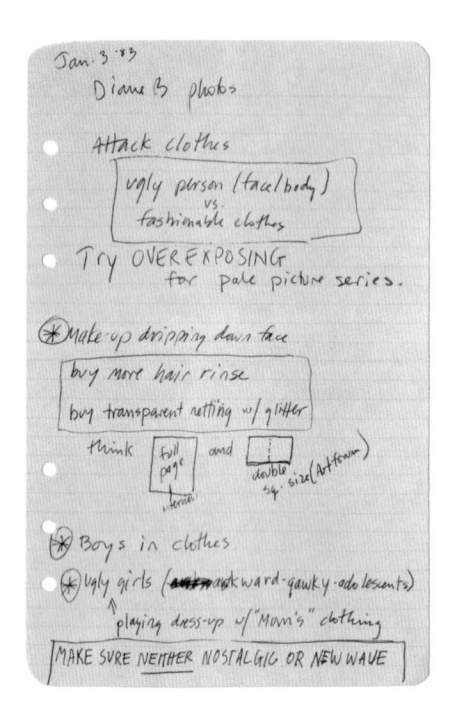

此后,她与时尚界走得越来越近。

她曾出席马克·雅可布、CDG 的品牌活动。

2017 年 9 月,日本设计师高桥盾推出了一系列超大码T恤衫,上面印的就是舍曼的作品,配文的字体与涅槃乐队专辑封面用的字体很像。

下页这张照片是一张T台照片,模特们三三两两地走出来——时装秀本身就是一种表演。其中一件T恤衫上印的是舍曼在上学时创作的作品《无题A》(Untitled A)。

舍曼为何青睐高桥盾？她允许别人使用自己的作品的原则是什么？

"他的女装系列作品被设计得非常出色。"她写道，"他总是无视人们的期望，我很欣赏这一点，就像我通常不会让博物馆直接复制我的作品一样。"

与舍曼相似,买了这些T恤衫的人都在表演,无论他们何时穿上,无论他们是否自知。

舍曼在美国社会中进行创作,她的作品致力于对个人身份进行视觉表达。那么,反对消费主义时尚的其他艺术家又是如何创作的呢?

1926年,格塔·布拉特斯库出生于罗马尼亚,她在工作室里绘画、创作拼贴画、制作电影。2002年,她创作了一系列名为《他异性》(*Alteritate*)的9张自拍摄影作品。在这些作品中,时年76岁的她用衣物遮住身体,却又巧妙地展示出了衣物背后的真实。这些作品简洁而充满力量,通过她穿的大衣、戴的贝雷帽和手套传达情感和讲述故事,展现了她所穿衣物以及所有人所穿衣物的荒诞性。在其中一张照片里,她把美腿仪当成帽子,她的皮肤几乎全都被遮住了,这无疑是对消费主义时尚的一记讽刺。通过遮住自己,她也让自己得以从日常中抽离出来,进而重视自我。

她曾在2004年说:"有没有人想过,在一张人像照片中,被拍摄者的表情被取景框定格,那张他或她感到满意的脸,实际上是艺术家在镜子中看到的自我,这是一种源自内在的、隐秘的投射。"在这段话中,她描述的是浮于表面和深入探究的区别。

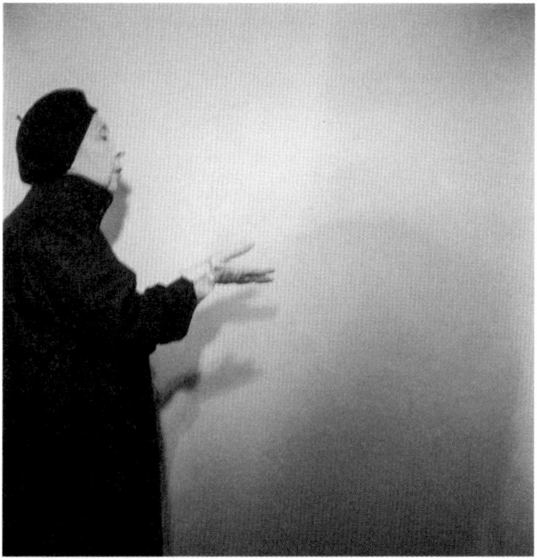

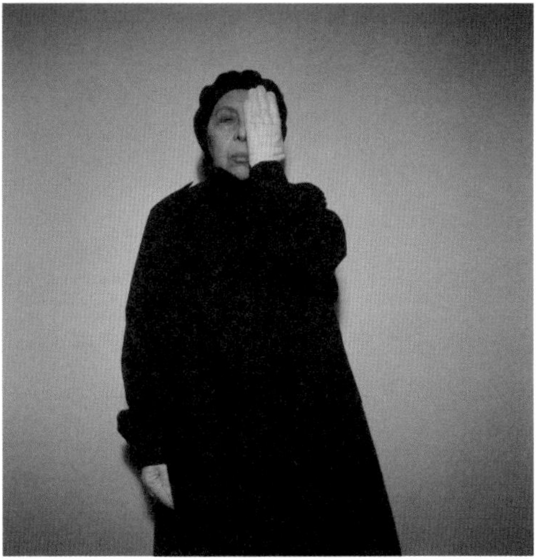

20世纪70年代,行为艺术家谢德庆离开台湾,前往美国。就在所乘船只即将靠岸之际,他跳船来到纽约,成了一名非法移民。那是1974年,他24岁。

在最初几年里,他一直在纽约的餐馆打扫卫生,没能创作任何艺术作品,这使他的生活陷入了被无情剥削的恶性循环:睡觉,在睡醒后起来干活。有一天他突然意识到,这个循环也能成为一种艺术。

谢德庆开始创作一系列名为《一年表演》(One Year Performances)的作品。

他的第一件作品是被创作于1978—1979年的《笼子》(Cage Piece)——被在木制的笼子中,他什么也不做,就这样生活了1年。他的第二件作品是被创作于1980

年4月11日—1981年4月11日的《打卡》(Time Clock Piece)——他穿着灰色的工作衬衫和工作裤,系着皮带,穿着系带工作鞋,每隔1小时打卡1次,不分昼夜。

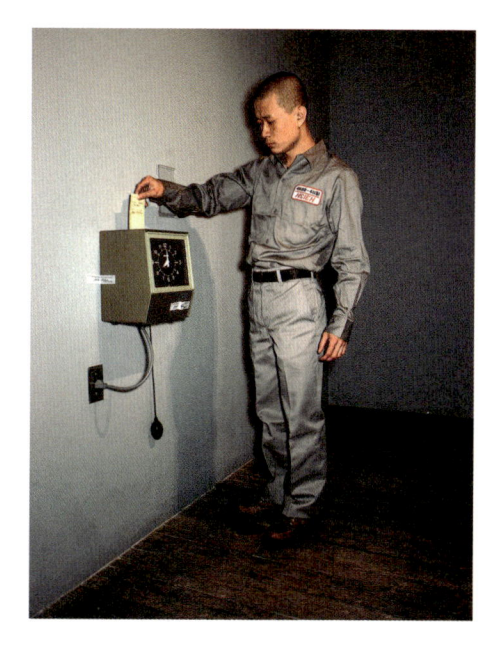

这套衣服是从哪里来的?

"它们是我从一家工人制服商店买的,"谢德庆在邮件中回复,"因为打卡是一种工作,所以我选了一套工人制服。"

仔细看,你会发现这套衣服上有一个特别的标志,这是他的朋友根据他的设计制作出来的。谢德庆写道:"我用我的姓氏以及表演的第一天和最后一天的日期,设计了这个'公司'的标志。"

他说,他为这一整年准备了4套用于换洗的工人制服,每套被穿1个星期才洗。

在这场行为艺术开始前,他担心有人说他作弊,就安排了一名证人,让证人在每天的考勤卡上签名、盖章,并将其密封。此外,他安装了一台16毫米摄影机,每次打卡都拍摄1帧。

除了这些,还有一个步骤。"为了表现时间的流逝,"他写道,"在第1次打卡前,我剃了光头,然后让头发自然生长。"

下面左边是谢德庆在开始打卡后拍摄的前3帧影像,下面右边是他在这一整年后拍摄的最后3帧影像。

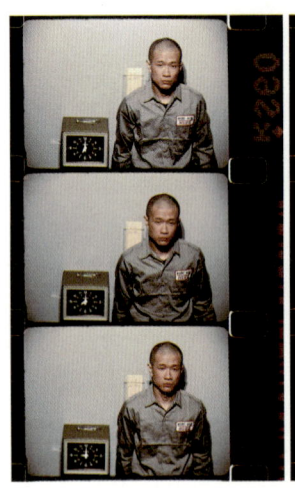

结实、耐磨的衣服在第一天和最后一天看起来一模一样,这达到了艺术家穿它的目的:麻木、无情的劳作使人异化,人类只是"机器"而已。

行为艺术家玛丽娜·阿布拉莫维奇曾称谢德庆为大师。

在作品《潜能》(Rest Energy)中,阿布拉莫维奇和她当时的搭档乌雷穿着职业装,面对面地站着,微向后仰并保持4分钟。其间,阿布拉莫维奇拿着一把弓,乌雷则拿着一支箭,箭头直指他的心脏。

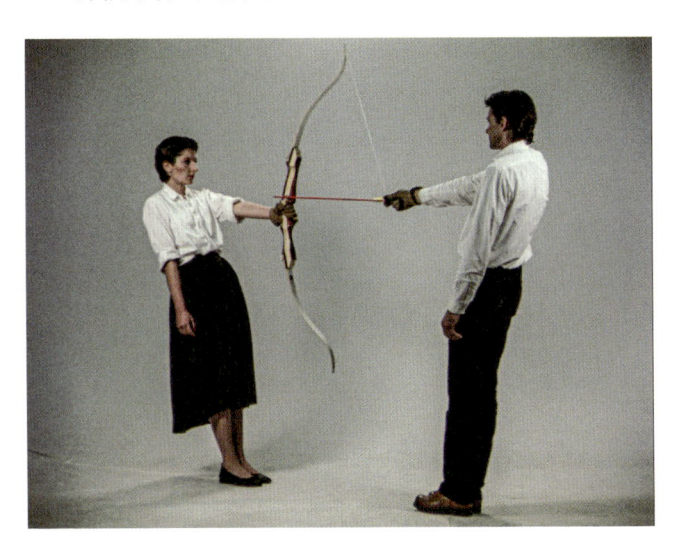

乌雷并没有生命危险。同时,请注意两人的服装语言:她穿着裙子,他穿着裤子。

在行为艺术中,即使穿着正常的服装,即使不做威胁生命的行为,也能进行强有力的表达。

2005—2009 年,莎朗·海耶斯一直在街道上表演作品《在不久的将来》(In the Near Future)。在全球的各个城市里,她举着写有从过往的抗议活动里摘选出来的标语的牌子,在街角一站就是 1 小时。

每次表演时,她都会邀请一群人来拍摄海量的照片。她把这些照片收集在一起,并用 35 台不同的幻灯机放映出来,每台幻灯机放映的照片都聚焦于某场表演。

让我们看看她的穿着——她故意打扮得像个路人，穿着拉链卫衣及普通的牛仔裤。她利用这种着装和行为抛出了一个强有力的观点：人们对抗议的共鸣超越了时间的限制。

行动主义是海耶斯工作和生活的核心,她将其理解为一种"用身体说话"的方式。

有些艺术家选择自己制作服装。

美国艺术家圣戈·南古地从20世纪70年代中期开始用尼龙丝袜进行创作。她创作出了一种超越墙壁的物理形态的墙壁雕塑——她利用丝袜本身的张力,在行为艺术中"激活"这些雕塑。

当时,她制作出的"服装"远远超越了服装本身。在下面这张拍摄于 1977 年的照片中,她穿着一件用洒满颜料的牛皮纸做成的衣服,戴着一条用碎纸条做成的项链,头饰则是用丝袜做的——这就是她的作品《网状幻影研究》(*Study for Mesh Mirage*)。

这件作品是如此壮观、如此充满力量。

1978年，南古地在洛杉矶的一条高速公路下，表演了一场《高速公路庆典》(Ceremony for Freeway Fets)——打了结的丝袜被高高地挂在柱子上，音乐家们戴着南古地制作的头饰，她的朋友、艺术家大卫·哈蒙斯拿着自己制作的装饰手杖，南古地则穿着一身黄色防水布，在肮脏的混凝土废墟之中，他显得活泼而自由。

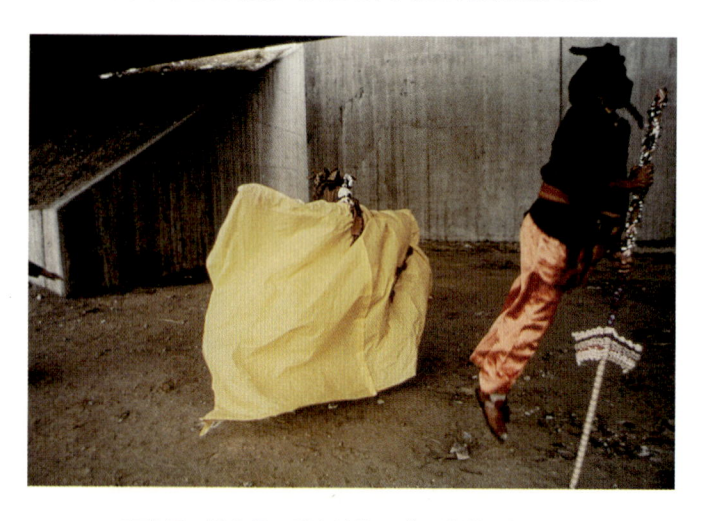

和林恩·赫舍曼·利森的作品《罗伯塔·布雷特摩尔》一样，《高速公路庆典》也证明了行为艺术不需要有多少观众。而且，在20世纪70年代，没有任何一家大型博物馆或机构会给非裔美国艺术家平等的机会来展示自己，这些艺术家自然也没有机会接触观众。

还有些艺术家把服装当成工作的一部分。

1978 年，37 岁的美国艺术家理查德·塔特尔制作了一条裤子，并对它进行丝网印刷，最后穿着它拍了下面这张照片，作品名为《裤子》(*Pants*)。

塔特尔相信灵性、超验主义和神秘主义。20 世纪 60 至 70 年代,他开始进行艺术创作。当时的艺术界认为,每位艺术家都理应被归类到某个艺术派别中。塔特尔被艺术评论家们称为"后极简主义者",这背后的意思是"我们不知道该如何评论这位艺术家"。

在创作《裤子》之前,塔特尔会用弯曲的金属丝、剪下的纸、几厘米长的绳子等材料进行创作。1967 年,他运用染色帆布和线创作了下面这件作品《第二个绿色八角形》(*Second Green Octagonal*)。从此,他的创作开始涉及对织物的使用。

塔特尔在费城纺织工房博物馆驻留期间，创作了《裤子》这件作品。这是他第一次制作服装，除了这条长长的、有闪电般的丝网印刷图案的裤子以外，他还制作了衬衫和套头衫。

下面这张照片展示了这条裤子平铺时的样子。

无论是在此之前还是在此之后，塔特尔都极少穿自己的作品，他的作品多数和服装无关。

艺术界总是试图以"运动""风格"这类词语来界定他的创作，而创作《裤子》就像一种解放行为，得以让他从种种限制之中逃脱。

在塔特尔发给我的电子邮件中，他说自己"对服装的态度和对其他事情的态度一样暧昧"。的确，他的语言有时模棱两可，但我觉得这很有趣。

"我永远不想在思想上变老，变得没法爱上任何一件衣服。"他写道，"我在一生中有两三次穿得十分得体，这是艺术家的艺术形式之一。如今，在艺术领域中，思想的重要性超越身体的重要性这一趋势愈发明显，但我仍认为二者是无缝连接的整体。在我看来，穿衣如同一场战斗，非常严肃，也很有趣……'正确'即完美。"

塔特尔对服装的热爱，其实是对物质的热爱："我们未曾披着皮毛、鳞片和羽毛出生，衣服对我们而言就是这些。"

"对艺术家来说，服装很有创造性。我的一位朋友曾说，每件好衣服都来源于一个好点子。"

他还提到如何打扮自己，并强调这不是身体上的，而是精神上的。

我沿着这个问题继续追问。

"'这指如何通过穿衣来定义自己的身体。因为我没有羽毛,所以我必须这么做。这是每个人都需要自问自答的,每个人的答案皆不相同。"

塔特尔严肃地讨论着服装,也讨论着艺术创作的本质。这像是一种内省,无关娱乐,无关环境,无关别人如何看待他的作品。

塔特尔的作品之所以能引发观者深刻的共鸣,正是因为他做了这种反思。

此外,塔特尔谈到了《裤子》这件作品的重要性——他通过这件作品质疑着艺术的定义。

我询问他能否就此多谈一些,他答复了下面这段话。这段话或许称不上答案,却比答案更加意味深长。

他说:"有时,我们知道的某些事情及做某些事情的方法,就好像是从乌有之处冒出来的,然后被我们所知晓。对我来说,这很有趣。或许,我们需要利用某种哲学来探讨为何我们感兴趣的别人可能也感兴趣。艺术既能引领时代,也能追随时代。《裤子》展示了这种转变,展示了艺术家在社会上的状态,还展示了艺术家的工作方式。"

有些艺术家则把制作日常服装当成了自己创作的重心。

自 20 世纪 90 年代以来,美国艺术家安德烈·奇特尔一直在穿自己手作的各种制服。"我的大部分作品以及我的生活都围绕着自由的矛盾性而存在。"她从位于加利福尼亚州的约书亚树国家公园附近发来邮件,如是说道。2000 年之后,她一直住在那里。

事先声明,我是奇特尔的超级粉丝。欣赏她的作品能让我的大脑分泌某些奇怪的新物质。

下面这张照片中的是她的作品《马车站营地》(*Wagon Station Encampments*)之一,其位于她的工作室附近的沙漠中,旅行者可以在里面睡觉。

毕业后不久,她就开始穿制服。"我刚从学校毕业时,住在布鲁克林区的一个小店铺里,"她说,"我曾经有段时间生活在固定的空间范围内,只用碗喝水、吃饭。我还尝试过在没有自来水的情况下生活。"

后来,这个小店铺成了她的一件早期作品《生活单元》(Living Unit)。它只有约46平方米,根本没有衣橱的容身之地。当时,她白天在一家画廊里上班,这意味着她必须穿着得体。

"那时,我开始思考社会对无限多样性的需求,这种需求比千篇一律更令人感到压抑。"或许,这件事成了她制作制服的契机。

奇特尔制作的这些制服经常被展出。在下面这张照片记录的展览上,展出的是《A-Z 个人工作服》(*A-Z Personal Smocks*)和《A-Z 单线制服》(*A-Z Single Strand Uniforms*)系列作品。她曾说:"事实上,这些系列作品证明,即使是在限制和约束之中也能实现个人解放。"

奇特尔曾给自己定下严格的规矩,在某些季节只穿特定的制服。如今,她更感兴趣的是找到某种固定的终极穿衣方法:"往年,我穿制服的规律一直比较稳定。寒冷时,我会穿一条黑色长裙配一件羊毛针织衫;暖和时,我会穿一件系扣衬衫;天热时,我则会穿一件无袖棉质针织上衣。我对这种穿衣方法很满意,希望未来十年都能这样穿衣。"

下面是她和名为"猫头鹰"的爱犬在某个寒冷的日子拍摄的合照。

她在限制和约束中找到了平静,在创造中找到了满足。

"这些作品质疑着资本主义对自由的定义。"她写道,"在这个人类几乎能够支配各个方面的世界里,或许真正得到自由的唯一途径,就是制定自我的规则和标准,这些规则和标准要适应社会。"

服装在网络虚拟世界中不仅是艺术的一部分,还是身体的一部分。

2006年,中国艺术家曹斐在网络虚拟平台"第二人生"中,创造了"中国翠西"这一角色。本书成书时,曹斐在《艺术评论》杂志发布的"艺术权力人物100强"名单中位列第17位,比前一年的第41位有所上升。在她之上,只有6位是艺术家,其余皆是收藏家、策展人和画廊主。

在邮件中,曹斐写道:"网络虚拟世界里有免费的衣服,也有需要付费购买的衣服,复杂或特殊的衣服会更贵。"她说,中国翠西的衣橱里有很多衣服,既有旗袍、日本女子高中生制服、晚礼服,也有银色的未来主义盔甲和喷火飞行靴,这些衣服都体现着她的经典风格。

下面这张截图中的是穿着未来主义盔甲的中国翠西。

角色涉及的不仅有衣服。"她还有一些配件，包括头发、皮肤、隐私部位——它们可以根据角色的体形进行调整。我认为，在网络虚拟世界里，所有与身体有关的东西都是一种服装。比如，中国翠西买了一些不同颜色的隐私部位，它们可以被随心所欲地调整大小。"

"不用它们的时候，可以先把它们放进虚拟仓库，需要的时候再换上。在网络虚拟世界里，角色也需要穿着得体。无论是去参加聚会还是去海滩，角色都有多种选择。你甚至可以调整角色各个身体部位的大小。"她进一步解释道，"穿比基尼时，你可以给角色提臀，也可以改变角色胸部的大小。"

还有一些艺术家利用服装在真实世界里寻找平行世界。

某年5月，在参加泰特美术馆酒会的几小时前，我在威尼斯双年展现场排队如厕。洗手间在室外的一个小巷子里，排队的人很多，而那时我不想和任何人有眼神交流。

突然，一群穿着精致的人出现，他们的头上戴着类似鲸鱼鳍的头饰，领头的是一个拿着鼓的表演者。这支无声的队伍从排队如厕的人们身边挤过，走入主场地。

他们的特殊穿着和我们的普通穿着形成了鲜明的对

比，营造出了一种很紧张的气氛。

下面这张照片中的是韩裔加拿大艺术家扎迪·车和她的团队表演的作品《祖母马戈》(Grandmother Mago)。

几个月后，我前往扎迪位于伦敦东部的工作室拜访了她，并与她谈到了这件事。

"普通的服装同样具有表现力，我一直在思考这个问题。"扎迪说，那天她穿着一件耐克品牌的黑色跑步上衣，以及一条黑色的运动裤，"比如，如果我在穿着这套衣服的基础上，再穿一件夹克……"

随即，她把上图中的这件夹克穿在跑步上衣外面。"这是一件范思哲品牌的古着，"她一边说着一边给我展示衣服标签，上面写着"GIANNI VERSACE COUTURE"（范思哲高级定制）——在1997年乔瓦尼·詹尼·范思哲被谋杀之前，范思哲品牌一直在用这个标签，"现在，这也形成一种对比，如果我穿成这样跟你打招呼，你就会注意到我穿着这件夹克……"

她指的是范思哲品牌的衣服给人留下的印象。

"但是，如果我换成另一件呢？"她脱下夹克，拿起下页图中的这件外套——它也是带拉链的，不过布料是合成材料，价格更便宜，板型也更宽大。

"这是一件H&M品牌的飞行夹克,"她把这件夹克穿在跑步上衣外面,"这两种搭配给人带来的感觉截然不同,即使我的下半身的装束是完全一样的。"

在艺术中,扎迪就是利用这种传递信息的方式来叙事的。"我把服装当成一种工具,利用它超越当下,进入平行世界,使自己与某个关于抽象家园的虚构概念联系起来。"

她对母系社会很感兴趣。近年来,她一直用漂白剂在牛仔裤上画虎鲸的图案,以便在表演中使用。"虎鲸属于母系氏族,"她说,"它们习得的关于生存的所有信息都来自母亲和祖母。雌性虎鲸有更年期,在经历更年期后，它们就会成为族群的领导者。"

"我制作的很多衣服都基本能遮住身体，"她说，"我不想做一些很性感的衣服并穿着它们表演。我快 36 岁了，一想到自己穿着比基尼或内衣表演，就会觉得不舒服，仿佛自己被异性凝视着，我不喜欢被那样'消费'。"

扎迪在温哥华长大，成长过程中受到了美国嘻哈文化的影响，嘻哈文化中的服装都是宽松的、超大号的。"对我而言，把身体遮住是一直存在的想法。"

下页中的是她和表演伙伴们在格拉斯哥有轨电车轨道艺术馆（Tramway）后台的合照。

"当我穿上表演服装时，我会把它当成一个棱镜，在它的帮助下了解过渡空间。那里才是真正的现实，不存在某些必须遵守的规则。"她说，"服装对达到这种状态的人而言至关重要。当我穿上服装开始表演时，那扇门就为我敞开了，在那个时间、那个空间里，所有的墙壁尽数坍塌。"

马丁·西姆斯

Martine Syms

和马丁·西姆斯通话时,我正在伦敦,而她正在洛杉矶的某个洗车店里:"我感觉自己所有的电话都是在车里打的,就像传统的洛杉矶人会做的那样:'嘿,请讲话,我正在开车呢。'"

西姆斯生于1988年,属于与互联网一起成长起来的那代人。她是信息时代的艺术家,品牌、广告和数字通信都是她的创作媒介。

她创作影像作品、装置作品和行为艺术作品,并以此质疑当代文化。她也了解服装,深知服装在她的生活和艺术中的功用。

"我从服装搭配中得到了很多乐趣,这让我的一天变得更精彩。"她说,"尤其是在随性、自由的洛杉矶,因为这里没人会要求你如何穿衣,所以打扮变得更加有趣。我喜欢这种感觉,喜欢关注我今天的造型如何、我的气场怎样、我要穿什么鞋,以及我要穿得更女性化一些还是更男性化一些。"

我问西姆斯能否拍些她的日常穿着的照片,她表示自己有现成的,随即发来了一些,并告诉我:"这些都是过去1个月左右内拍的照片,供你选择。"

下面是其中一些照片。

我比西姆斯大15岁，童年时期没接触过互联网。那时，服装就是体现一个人的爱好或地位的主要介质。朋克青年穿得就像朋克青年，哥特群体看起来就是哥特群体，滑板少年穿得就像滑板少年，嘻哈团体看起来就是嘻哈团体。服装传达着这样的信息：你是谁，以及你想成为谁。

如今，即时通讯已经成为全球年轻人通用的社交方式。只要有一部手机，任何人都能向全世界数十亿人发布自己的信息，我们可以告诉所有人自己是谁、在想什么、喜欢什么、讨厌什么，以及支持什么。

在某种程度上，服装已经失去了反主流文化信息的功能，人们觉得任何人都可以穿任何衣服。

"就拿印有《劲少年》标志的T恤衫来说吧，"西姆斯说，"《劲少年》是一本滑板杂志，其标志是与火焰结合的杂志名'Thrasher'。我在南加州长大，那时大家都玩滑板，或者至少会出现在滑板场地上，因此印有《劲少年》标志的T恤衫无处不在。然而，现在许多人已经不知道它的含义了，他们穿这种T恤衫只是因为看到别人在穿。"

随后，西姆斯提到了一本由艺术家哈尔·费舍尔所写的书籍，它被创作于西姆斯出生的 11 年前。

西姆斯说："当我看到这本书时，里面提到的穿衣风格已经被很多人采纳了。我想，现在的人们会进行更多私下交流，比如你给某人发消息时，除了你们二人，没人知道你给谁发了消息，以及你在消息中说了什么。穿衣风格代表的东西不再是固定的。"

下面是那本书中的一张照片。

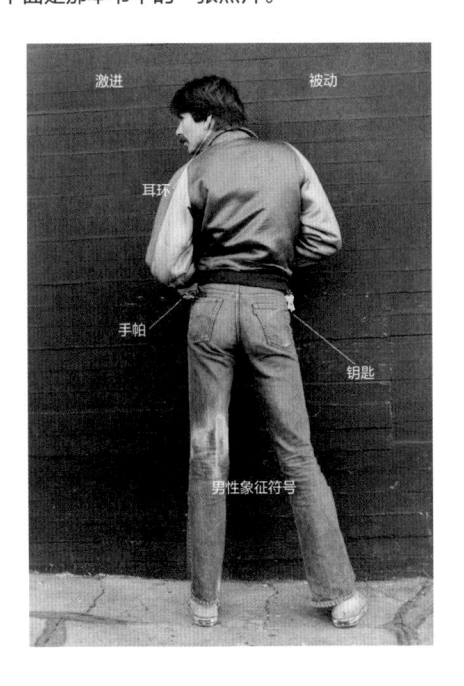

西姆斯对仿品很着迷,比如喜欢贴假标的冒牌衣服,或者设计师品牌衣服的仿品。她是Boot Boyz Biz品牌的爱好者和收藏者,这是芝加哥的一个品牌,专门发行限量款的仿品。下面是两张西姆斯戴着该品牌帽子的照片。

一顶帽子上印的是1981年组建的疟疾乐队(Malaria!)的歌名。

另一顶帽子上印着劳瑞·安德森在1982年创作的一首歌的歌名。

西姆斯对仿品感兴趣的原因关乎社会文化,也关乎仿品与亚洲及黑人社区之间的关系。

"有一段时间,我非常痴迷于购买巴黎世家品牌的"速度"系列运动鞋仿品,"她说的是一款弹性针织运动鞋,这款运动鞋是这个法国奢侈品品牌的畅销单品,"我买到了一双顶级的仿品,这让我产生了一种反常的快感,类似'不,这不是正品,而是仿品,我只花了20美元,而你花了600美元,这太傻了'的感觉。"

"近年来出现了一种'街头服饰',它从青年文化里汲取了很多元素。"她说得没错,在21世纪大部分的时间里，奢侈品品牌开始售卖运动鞋和卫衣，这既是为了与时俱进，也是为了依靠年轻人的购买力实现销售额的增长。

"这些设计灵感通常源自有色人种年轻人，源自能在有限的条件下创造自己的穿衣风格的人。奢侈品品牌先复制这些风格的服装，再用高出10倍的价格出售它们。"她说，"年轻人在审美和文化资本方面充满了力量它们，但他们在金钱方面却十分无力。这是一种明显的权力失衡。"

很多时装设计师都曾因为文化挪用而被指责：2018年，古驰品牌让一名白人模特在T台上佩戴具有锡克教风格的头巾，随后被批评；2016年，马克·雅可布让一名白人模特在时装秀上扎了脏辫，随后品牌方公开道歉。

西姆斯认为这场辩论应该更加深入："我认为，目前关于文化挪用的讨论缺乏对细节的深究，它没谈到军事占领、殖民主义和战争等层面，正是这些因素改变了文化传播的方式，让文化产生变化。"

我一直认为"街头服饰"这个词带有种族主义色彩，为什么不直接称它"时尚服饰"呢？

西姆斯也认同这一观点："二者有什么区别？在电影里也是如此，如果一部电影的目标受众不是白人，它总会起具有异域特色的名字，这样一来人们就会想看这部电影,这是很老的套路了。话说回来,总有一些有色人种的穿衣方式十分有趣,这种穿着会被更多人所接受。我们能否承认其中存在的权力失衡?我认为回溯历史起源是一种有趣的讨论方式。比如,做美甲曾被认为是难以接受的、俗气的,而现在人人都爱做美甲,这种转变是如何发生的?"

西姆斯会在装置作品中使用服装。"我使用的通常是很难被替换的服装,"她说,"曾有一件装置作品中的T恤衫被偷走了。"

这件T恤衫是名为《她疯了:笑气》(SHE MAD: Laughing Gas)的作品的一部分,2016年该作品首次在洛杉矶哈默博物馆展出。

下页上方这张照片展示的是当时展厅的一角。

下面这张照片展示的是展厅的另一角。

下面这张照片是这件衣服的特写。

这是一件稀有的芝加哥公牛队T恤衫,由她的朋友、艺术家德里克·陈赠送。"我就像把自己的碎片放进了装置作品里,有点儿死亡的意味,"西姆斯说,"这可能就是利用媒介进行记录的目的和(或)意义所在。"

西姆斯在这件衣服上做了刺绣:"上面绣着'It's mine I bought it'(这是我的,我买的),这和毛织、编织有关。当我第一次和朋友斯特凡尼·杰米森聊到假肢记忆①时，我就想到了我绣在别人送我的衣服上的这句话。"

如今，这件衣服已经不知所终。"某个高中学生团体参观展览后，这件衣服就不见了。或许某位躁动的少年心想'我要拿走这件衣服'，这是它回归世界最好的方式。"

西姆斯也会关注她的影像作品中的人物及她本人的化身所穿的衣服。"我会精心搭配服装，因为它能营造各种不同的基调。穿衣是关乎个性的事，如果我说一个人的穿着是'十足的猫跟鞋'，你就能明白我的意思。"猫跟鞋，象征端庄之中暗藏性感。

这种社会观察会发生在我们选择服装的过程中。

"就像查尔斯·阿特拉斯的电影《致新苦行者》(*Hail the New Puritan*)中的场景一样，我们正在做准备。"她说。

这是一部很棒的电影！它讲述的是迈克尔·克拉克和他的朋友、合作伙伴的故事。其中一个场景发生在伦敦东部的利·鲍厄里和特洛伊的公寓里，克拉克准备和朋友拉赫尔·奥伯恩出去玩，因此花了很长时间来打扮。

---

① 亦作假体记忆、人造记忆等，是历史文化学者艾莉森·兰兹伯格提出的概念，指人们虽未曾真实地经历过某个事件，但通过大众媒体接收到了相关信息，从而对其产生了记忆。

"准备就绪的那一刻太棒了。和朋友出去玩之前,你会想:'我应该穿这件吗?这件看起来怎么样?'这种打扮本身就是一项活动。"西姆斯说,这种乐趣已经延伸到了她的日常里,"早上起来,我会想:'是的,我今天就要穿这件。'这种想法如同灵光闪现,虽然有时我只是要去工作室,并没有人会看到我穿了什么。"

西姆斯对自己的穿着很有主见,她了解服装的时代背景,理解服装的多层含义,并将这些知识运用到工作和生活里。

对西姆斯而言,选择穿什么是一种有意识的、创造性的行为,是一种愉悦,是一种好奇,也是一种智慧的体现。接下来,我们将探讨那些为时尚赋能的艺术家,看看时尚对艺术、艺术家和我们所有人带来的真正价值。

时尚与艺术
Fashion and Art

艺术家和艺术作品理应与颇具商业性的艺术行业分隔开来。而如今，艺术行业内各式的艺术展览和艺术作品展销会举办得如火如荼，商业性仿佛变成了艺术的核心。

时尚和时尚行业亦是如此。

当我们谈及时尚和艺术之间的关系时，底层逻辑通常是二者为了追求利益而走到一起，即艺术家和设计师之间进行合作，披着分享创意的外衣来销售产品。这些合作可能充满活力，让人眼前一亮，也可能充满愤世嫉俗、讽刺剥削的个人表达。但无疑的是，它们都让"艺术作品是一种商品，是一种奢侈品"的观念愈加深入人心。

拍卖会上的艺术作品以数百万美元成交的新闻连续登上头条，艺术已被视为一种精英主义的追求。当艺术家与奢侈品行业合作时，这种观念则被再次加强：艺术是他们的，不是我们的。

然而，我们的日常穿着中的时尚无须依赖那些为了商业利益而操纵它的人。我们可以关注设计师和时尚品牌，但不一定要把时尚限定在他们身上。

艺术和时尚都是超越商业的一种精神体验。让我们花些时间和艺术家待在一起吧，对他们来说，穿衣打扮是一种创意表达，是一种艺术实践，也是一种解放自我的手段。有些人启发了时尚，有些人从时尚中获得灵感，有些人则利用时尚质疑权贵、表达对服装的渴望，以及探寻自己被看待的方式。

在上学时，大卫·霍克尼读到了一首17世纪诗人罗伯特·赫里克写的诗，名叫《无章的情趣》(*Delight in Disorder*)。

> 无章的甜蜜
> 点燃衣着的恣意；
> 肩上的布料
> 使人意乱心烦；
> 错乱的蕾丝边，时隐时现
> 点缀着深红的紧身胸饰；
> 飘忽的袖口
> 绸带于风中摇摆；
> 一朵迷醉的浪，夺人目光
> 那是风暴激荡着裙裾；
> 一根漫不经心的鞋带
> 我观到了野性的文雅；

比起艺术，

这些更让我着迷。

霍克尼在这首诗中找到了自己。60年后，他仍在引用这些句子，它们鼓励他持续采用某种穿衣方式，从而在视觉和思想上获得满足。对他来说，服装成了一种终生的解放。谁在乎完美呢？毕竟，衣着的"无章的甜蜜"，终会成为"野性的文雅"。

霍克尼出生于英国西约克郡布拉德福德的一个工人家庭。他的母亲劳拉是一位素食主义者，这在20世纪上半叶的英国很少见。他的父亲肯尼斯在第二次世界大战期间出于道义原因而拒绝参军，后来参加了"核裁军运动"。

肯尼斯常在布拉德福德的街头出现，他穿着西装三件套，打着带有波点装饰的纸领结，这让他看起来很活泼。"他教会我不要在意邻里的看法。"霍克尼回忆着父亲。

1959年，霍克尼前往伦敦皇家艺术学院学习。在那个年代，颜料非常匮乏，丙烯颜料尚未在欧洲被商业化生产，因此要想在画布上大面积使用色彩鲜艳的颜料，花费是十分高昂的。霍克尼与校友艾伦·琼斯是朋友，琼斯也是一名艺术家。当时，有位叫罗斯金·斯皮尔的老师在看到琼斯的一幅油画时，第一反应是"这是怎么回事?这些鲜艳的颜色怎么会出现在这儿?南肯辛顿是灰色的,模特是灰色的,她的前景也是灰色的,但这些遍布画面的红色和绿色是怎么回事?"

就像朋友的画一样,霍克尼的穿着也非常鲜艳。霍克尼的朋友马克·伯杰说:"有一次,他准备去买双袜子,结果买回来一件亮粉色的女士紧身裤。"

1961年,霍克尼第一次来到纽约。某个晚上,他打开电视,里面播放着染发剂的广告,广告词是"金发女郎更有趣,大门为金发女郎敞开"。

于是,霍克尼就把自己的黑发染成了金发。

霍克尼利用服装为艺术家树立了新的典范。他大胆地将各种色块融入自己的服装，把新式休闲装单品组合在一起，如一件绿色开襟羊毛衫配一件淡蓝色衬衫和一条红领带，再如一件黑黄相间的橄榄球衫配一条芥末色阔腿裤。这种穿衣风格陪伴了他的一生。

不过，他不是为了吸引谁而打扮，他很容易就能找到伴侣，但他并不为之所动。1976 年，他写道："我可以很长时间不接触性，它没有主宰我的生活。虽然有些人很需要它，但我却对它漠不关心。"

这关乎自由，他的衣着无疑是自我获得解放的外在标志。

和约瑟夫·博伊斯一样，霍克尼的穿衣搭配也常被杂志引用，以及被男装设计师作为灵感来源。确实有不少漂亮的衣服因此出现，但时尚界也因此把霍克尼与奢侈品联系了起来，这其实使得某些重要的东西被掩盖了。在霍克尼那一代人出生之前，英国的酷儿文化形象一直由上层和中上层社会所主导。比如，20 世纪上半叶，克里斯托弗·伊舍伍德、查尔斯·詹姆斯、塞西尔·比顿等人塑造了酷儿男性温文尔雅、精明练达的形象。然而，工人阶级男性（包括农场工、机修工、勤杂工等）则被异化为性感的象征，他们的身体因劳动而变得健美，他们的服装也被情欲化，并延续至今。以上二者的穿着是不同的。

霍克尼是一个年轻的工人阶级男性,他聪慧、机智、有能力且无所畏惧,他有自己独特的穿衣风格,不受社会阶层影响,甚至打破了阶级的界限。他的这种象征解放的穿着很快就被大众所接纳。

在霍克尼第一次去纽约的 4 年前,也就是 1957 年,28 岁的日本艺术家草间弥生前往美国。没过多久,她就陷入了贫穷之中。

她痴迷于绘画,并坦然面对自己的心理问题。她在自传中写道:"我每天都在痛苦、焦虑和恐惧之中挣扎,缓解病痛的唯一方法就是坚持创作,我如果没有找到艺术创作这条路,可能早就因为难以忍受这种境况而自行了断了。"

她说,她的"心身艺术"(Psychosomatic Art)是一种创造新的自我的方式,是通过一遍又一遍地创作克服自己憎恨、厌恶或恐惧的事物的方式。

1959 年,她在首次个展上展出了波点作品,并获得好评。20 世纪 60 年代初,她逐渐通过油画作品、雕塑作品和装置作品在纽约闯出了名声。

服装开始出现在她的作品中。下页这张照片中的衣服被创作于 1962 年,那年她第一次运用服装进行创作,这种形式的艺术作品后来被称为软雕塑。

草间弥生的作品的某些方面，比如软雕塑的艺术形式及重复使用相同图像的创作方式，曾被克莱斯·奥登伯格、安迪·沃霍尔等白人男性艺术家所借鉴。他们陆续与画廊签约，然而草间弥生却并不受画廊体系欢迎，因为她的作品已经超越了画廊墙壁的界限。后来，她打算表演行为艺术。

草间弥生大多在公共场所表演行为艺术，这表明了她支持性别平等、性自由，反对资本主义和战争的立场。她制作了用于表演行为艺术的服装，把追求时尚作为一种寻求解放的方式。

下面是1969年草间弥生在她的时装店里拍摄的照片。

这些服装是为了狂欢而设计的，它们唤醒了大多数人对暴露的迷恋与恐惧。

草间弥生曾受到过性创伤,她写道:"我讨厌男性生殖器的形状,我也讨厌女性的生殖器。"她想要克服那些令她厌恶的东西,她更像是一个观察者,而非参与者。

下面这张草图中的衣服名为《银色乌贼裙》(*Silver Squid Dress*)。

下页这张照片展示了 1968 年草间弥生在纽约的某个屋顶上举办的一场时装秀。

1969年，草间弥生进入服装设计行业，创立了自己的品牌。"当走在街上时，我发现很多人穿的衣服和我设计的衣服很像，"2000年她在接受日本诗人、艺术评论家建畠晢的采访时说道，"经过一番调查，我发现那些衣服是一家名为马可斯特拉特（Marcstrate）的时装公司制

作的。"

草间弥生去拜访了这家公司的总裁，二人决定携手成立一个新的公司，即草间弥生时装公司。"他是副总裁，我是总裁，"她说，"我们共同举办时装秀，并在百货公司设置草间弥生时装专区。"

布鲁明戴尔百货公司就是其中之一。

这一系列服装包括运用扎染工艺制作的服装，草间弥生将其描述为一种抽象表现主义的表现形式，或一种存在主义的存在方式："在设计服装时，行动先行，其次才是解决设计问题。"

"我倾注极大心血创作的先锋前卫服装，最终销量很惨淡。"草间弥生认为，和大多数时装品牌一样，时装店只想销售款式最保守的服装。

那么，这个公司后来怎么样了？它只是昙花一现。

1973年，草间弥生因身体状况不佳而搬回日本。如今，画廊每次展出她的作品《无限镜屋》(Infinity Mirror Rooms)时，纽约人都会大排长龙，只为沉浸于那无尽的可能性与光影之中。

现在，草间弥生穿的衣服上总是点缀着绚丽的波点。曾经，她利用时尚来质疑、挑衅、超越艺术作品的界限；今天，追求时尚已经成为她统一自我世界的一种方式。

对许多人而言，追求时尚是一种创意行为。

下面是美国艺术家史蒂芬·塔什坚在纽约东村的公寓里拍的照片,他在这里生活了40年,住在没有电梯直达的5楼。

双排扣、大翻领、喇叭裤、翠绿色的天鹅绒,塔什坚穿的西装华丽而不落俗套,让人联想到20世纪70年代的反主流文化,彼时的他仍是少年。

塔什坚一生都在利用服装推动身份认同。早期,他通过变装表演进行艺术实践,这从他绚丽夺目的西装中也能窥见一斑。

下面是1991年塔什坚在"假发嘉年华"的舞台上拍的照片,背景是他的画作。

塔什坚成长于中下层的工人家庭。儿时，仅在开学那天和复活节时，他才有新衣服穿。他在电话中说："我的大部分衣服都是父母挑选的。直到20世纪60年代中期，我才自己买衣服。那时候，我们关注的都是带有迷幻色彩的服装、佩斯利花纹衬衫、条纹裤、丝绒，当时我就是为这些而活的。"

他从小就意识到穿着是文化的一部分："我总是把具有乐感、艺术气息和狂野风格的服装结合在一起，它们很适配。"

请注意，他说的不是时尚，而是服装。刚搬到纽约时，他身无分文，对各种设计师和服装品牌一无所知。他说："我一贫如洗，就去旧货店买最古怪、最鲜艳的东西。当时，人们认为变装群体一生都在看《时尚》杂志，这打破了他们的刻板印象。"

20世纪80年代，塔什坚在纽约金字塔俱乐部进行变装表演，并帮这个俱乐部绘制海报。他和欢娱合唱团（Deee-Lite）的成员在同一个社区长大，为他们的首张专辑设计了封面，那是一件带有迷幻色彩的艺术作品。由此，他的艺术开始走向国际，欢娱合唱团的歌曲《快乐在心中》（Groove is in the Heart）也风靡全球。

那年我16岁，受到这张专辑封面的影响，我在自己所有的学习文件夹上都画上了螺旋图案。

塔什坚的作品开始影响时尚，而他当时对时尚还一无所知。他说:"英格丽·斯西把乔瓦尼·詹尼·范思哲带来了我的公寓,我却根本不知道谁是范思哲。"

斯西是《采访》杂志的编辑。"范思哲曾来过你的公寓?"我问道。

塔什坚告诉我:"那是一个盛夏,他爬了5层楼梯,才来到这间没有空调的公寓。他的身边跟着7个从头到脚穿着黑衣的随从,他们的黑色羊毛大衣上都有亮金纽扣。当时,我的整个公寓都是荧光淡绿色调的——我的画,甚至我的一切东西都是这个颜色。那天,他买了我的公寓里一半的东西,接着,他推出的下一个服装系列就是这个色调的。"

虽然有过这段际遇,但几十年来塔什坚一直处于赤贫状态。不过,如今他的画作已经很畅销了。他说:"我突然有钱买真货了,我可以去古驰专卖店里说:'天啊,你敢信他们会制造出这样的东西?老天啊。'店员会说:'这件商品的售价是2600美元。'我会回答:'包起来!'"

塔什坚买过的品牌包括古驰、CDG旗下的Homme Deux、德赖斯-范诺顿,但他不被品牌所束缚,"我买它们只是因为我喜欢它们,而不是因为我喜欢某个品牌,我不在意那些。我之前买了好多华丽、色彩鲜艳、做工精良、闪闪发光的衣服,我喜欢老成持重的感觉。"

2019年,塔什坚的画展在伦敦先驱街画廊开幕。开幕式上,他穿了一套阿尔帕纳·巴瓦品牌的西装,于是我为他拍摄了下页这张照片。

等等！再看看细节。

他的双眼总能发现那些在其他地方找不到的服装，他说："人们会注意到这一点，并说：'哇，这是什么，好华丽啊。'我不仅从中得到了快乐，还用我的服装照亮了世界。"

塔什坚在穿衣中找到了生活的宣言，他说："现在很多人都常穿灰色的卫衣、运动服或其他衣服，即使参加大型活动也是如此。然而，我是那个盛装出席的人，光鲜亮丽！在外面时，我常被人问道：'你穿得这么隆重是为了什么？'我的回答是：'为了今天。'这或许就是我生命中的最后一天。这就是我的生活之道。"

他不停地作画，先把衣服和画作联系起来，再将这种联系反馈到下次买的衣服之中。"服装激发了艺术，艺术也反过来激发了服装，它们相得益彰。对我来说，服装是一种精神上的东西，我喜欢有灵性的人。即使是教皇，他也有自己的服装，还有那些穿着橘色僧袍的僧侣，他们的服装都太华丽了！"

这种宣言式的着装也可能是一种反抗。

路易斯·内维尔森出生于乌克兰，20世纪随家人移民至美国。她的父母都有抑郁症，母亲为了和故乡保持联系，会刻意穿得奢华。显而易见，母亲的穿衣方式对内维尔森的影响很大。

内维尔森是一位纽约的单身母亲，直到中年都没有稳定的收入，她用在街上捡到的木头制作雕塑作品。直到 60 多岁的时候，她的作品才获得人们的认可。

然而，在此期间，她始终穿着高雅。

她曾在 1972 年说："我很容易对人的外表形成整体认知，因此具有设计服装的天赋，并且我很喜欢服装。

在年轻的时候,我就穿得非常华丽,我喜欢穿好衣服,戴有吸引力的饰品。"

有人可能觉得她的穿着不够严肃。"我想这是他们先入为主的观念,他们认为艺术家看起来越老、越丑,就越可信、越有奉献精神。然而,这些是我一生都在努力打破的东西,至今如此。"

时尚和艺术之间的良性联系往往来自设计师与艺术家之间的友谊,正如前文提到的路易丝·布尔乔亚和海尔姆特·朗,他们在工作中相互支持,而非彼此竞争。

美国艺术家瑞秋·费因斯坦主要创作雕塑作品与装置作品,它们大多拥有浪漫的、哥特式的造型。她熟稔纽约的社交生活,热爱时尚。她特别提到了古驰奥·古驰、汤姆·福特、普罗恩萨·施罗,以及她的好友马克·雅可布。

"我曾陷入困境。"她指的是自己曾经遇到的创作瓶颈。2012 年,雅可布问她能否利用她的雕塑作品为下一场时装秀布景。她对雅可布说:"这听起来很酷,但我不想用旧作,而想为你创作新作。"雅可布回答:"好,不过这场时装秀在 2 周后就要开始了。"

费因斯坦随即投入工作,最终创作出了一个由颓败的建筑构成的舞台背景雕塑作品。

"我以前从没在这么短的时间内完成过规模这么大的

作品，"她说，"我从中学到了很多，这太不可思议了。"

下面这张照片展示的便是当时的布景。

它华丽而奇幻，有若隐若现的假山，摇摇欲坠的台阶，以及将倾未倾的喷泉。它为这场时装秀营造出了一种属于成年人的欢乐气氛，随即展出的服装系列如此，其配饰更是如此：英国女帽设计师斯蒂芬·琼斯为雅可布设计了一顶巨大的软帽和一双夸张、笨重的鞋子，鞋上还有一个闪闪发光的方形搭扣。

在这场时装秀结束几个月后，费因斯坦陪同雅可布参加了纽约大都会艺术博物馆慈善舞会。费因斯坦戴着那个系列的帽子，穿着那个系列的裙子；雅可布则穿着刚刚提到的那双鞋。

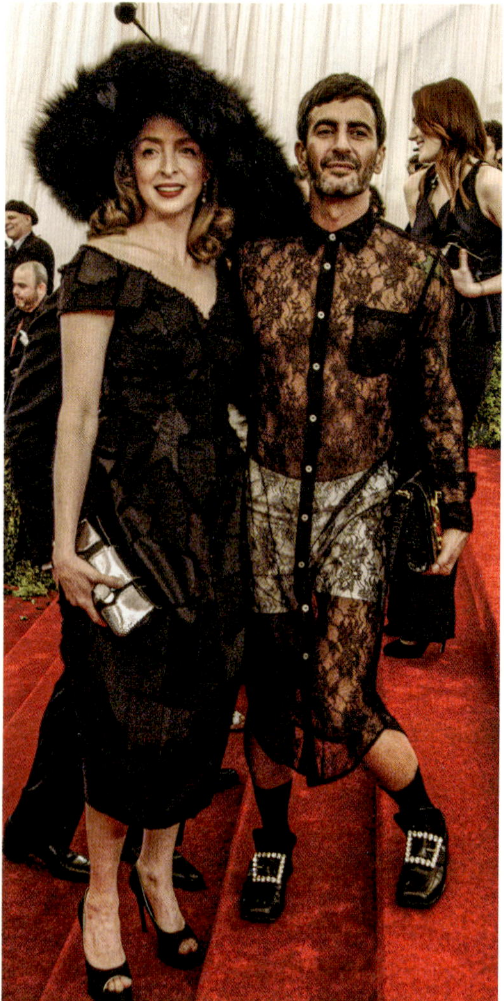

与朋友的合作使她从窠臼中挣脱出来，走向更广阔的创作领域。从那之后，她又为麦迪逊广场公园设计了一系列户外雕塑作品。

她说："如果没有那次创作经历，我不可能做到这一点。"

时尚解放了她。

更让她惊讶的是，时尚界对永恒的蔑视是与生俱来的。"我不喜欢艺术界时有发生的那种装腔作势。人们常有一种观念：艺术作品需要被挂在画廊的白墙上，不可触碰，是十分严肃的东西。"她认为，时尚则与其不同，"你做了这件事，它就完成了、结束了，你去做下一件事即可。"

对费因斯坦而言，那段经历是一场革命性的转变。她说："在那2个星期内，我生活中的每时每刻都充斥着这件作品。我不知道为它花了多少钱，但在时装秀结束之后，电锯用了不到30分钟就让它化为碎片了。一切都消失了。有人问我：'你不觉得这很糟糕吗？'我告诉对方：'不，这是一种解放，我很喜欢。'"

那次经历让她对创作有了更深入的思考。"我喜欢那种把所有东西都扔进火里，然后说它们并不重要的感觉。我们终将化为灰烬，不留任何痕迹。"她质疑着艺术的永久性及其对后代艺术家的影响，"让所有人都做自己吧，何必竖起一块块艺术的巨石丰碑？我觉得这太像生殖崇拜、太有攻击性、太怪异了，我不想这样做。"

在时尚中，费因斯坦找到了另一种存在方式。

2007年，苏格兰艺术家露西·麦肯齐受邀成为朋友贝卡·利普斯科姆的品牌的服装模特。麦肯齐说："有一次我问贝卡：'你是在哪制作这些衣服的？'她说：'哦，我在苏格兰自己做的。'这让我大吃一惊，并让我意识到我根本不了解这些穿在自己身上的衣服。"

之后，两人开始合作，成立了时尚品牌Atelier E.B，其中的两个大写字母代表两人的家乡——爱丁堡（Edinburgh）和布鲁塞尔（Brussels）。

下页这张照片展示的是该品牌于2015年推出的运动服。

该品牌游离于时尚界之外,专注于在本地生产服装,与苏格兰、比利时的纺织品制造商进行合作。麦肯齐说:"艺术家们很容易被时尚界的时装秀所吸引,但它们从未吸引我们。"

该品牌没有定期发布季节服装,也没有举办时装秀,甚至没有在商店中销售自家服装,其服装往往只能在网站上买到。

尽管如此,她们还是举办了展览。在伦敦的蛇形画廊里,她们搭建了一个店面。

这些都是"艺术家的时装"。

"这些不只是概念服装,而是人们穿在身上的真实服装,大家都很喜欢。"她们不愿意像时尚品牌那样行事,"我们没设规定,没招员工,按照自己的想法做事。"

还记得本书开篇提到的鸡尾酒会吗?安西娅·汉密尔顿就是不遵守着装要求的人之一。

我前往她位于伦敦南部的工作室,想找她聊聊。交谈期间,她回忆起近期与一位友人展开的关于时尚的对话:"当时我说,我发现自己对观看艺术作品的兴趣没有那么浓厚,我们二人都对欣赏时尚物品更感兴趣。"

在创作作品《南瓜》(The Squash)时,汉密尔顿仍然在使用时尚元素。她改建了泰特不列颠美术馆里的杜威恩展厅,使其变成了一个被白色瓷砖覆盖的空间。在这里,有一个名叫"南瓜"的角色,由14位表演者轮流扮演。

每天,"南瓜"都会在展厅里徘徊,有时坐着,有时走动,有时消失不见。参观者和"南瓜"处于同一个空间内,可以自由行走。"南瓜"全程穿着从时尚奢侈品品牌罗意威那里定制的服装,戴着南瓜形状的头套,这就像是来自异世界的时尚。

其中一个"南瓜"的裙子花纹就像地衣,上面搭配的是一件南瓜形状的短上衣。

下面这张照片中的头套的设计灵感源自插花编织篮。

所有的头套都像冬南瓜一样长,完全遮住了表演者的脸。

"参观者看向表演者的目光往往是审视的、不太共情的,"她说,"我希望表演者能看起来更好,我会为他们尽我所能。"

2016年，汉密尔顿因一场展览而获得特纳奖提名。在这场展览的作品中，有一件巨大的金色背部雕塑作品，它的臀部被向两边拉开。2018年，她在泰特不列颠美术馆里创作了一件展期为5个月的行为装置作品——《南瓜》。因为创作时间和展期太长，所以几乎没人完整地看完这件作品。

在《南瓜》的创作过程中，汉密尔顿几乎一直穿着下面这张照片中的佩斯利花纹连衣裙。

汉密尔顿说，她的衣橱有限，因此她只有几身合适的、没有破损的衣服，这件佩斯利花纹连衣裙是她在大约10年前从斯特里汉姆的一个很棒的慈善商店里买的。她很爱穿这件连衣裙，以至于现在她的合作策展人已经禁止她在开幕式聚会上穿这件衣服了。

与她聊完之后，我的脑海里仍然反复出现那件佩斯利花纹连衣裙的样子。她为什么这么爱穿它？

于是我发了一封邮件问她。

她回复道："艺术家总是有种压力，觉得自己必须拥有合适的造型，这与身份高低、财富多寡、时尚与否、年轻与否都有关系。我一直在寻找能够摆脱这些（我认为）束缚着人的东西。"

至于为什么爱穿这条裙子，她答道："我喜欢这条佩斯利花纹连衣裙，因为这种图案与另一种财富与阶级的象征相关①。虽然我觉得自己穿上它后很时髦，但它也有一丝讽刺意味。它没有性感色彩，有点儿圣诞气息，而且符合我的母亲对'体面'的定义（她的定义是另一回事）。"

现在，她拥有了第二条红色的佩斯利花纹连衣裙："这件比旧的那件还好……我说得太多了吗？"

---

① 佩斯利花纹最早出现在古巴比伦，之后传入印度与波斯，成为具有后者当地特色的图案。18至19世纪，该花纹传入欧洲，不列颠东印度公司开始贩售带有这种花纹的织物，欧洲各地也开始应用、仿制这种花纹。20世纪60年代，嬉皮士运动兴起，佩斯利花纹再度受到青睐。——译者注

汉密尔顿长期运用时尚图像进行创作。下面这张照片中的是她于 2012 年创作的《精打细算的卡尔·拉格斐》(*Karl Lagerfeld Bean Counter*),如今已经被泰特美术馆永久收藏。

在这件作品中,汉密尔顿使用了时尚设计师卡尔·拉格斐年轻时的一张照片。在这张照片中,他的眼神充满诱惑和(或)空虚。这件作品的名字中的"Bean Counter"是一个英文俚语,指吝啬的官僚。汉密尔顿之所以使用这张照片,是想质疑时尚的魅力——这真的是那个长期掌控着世人眼中的美与欲望的人吗?

汉密尔顿的很多作品都在质疑权力。糖业大亨亨利·泰特创立了泰特美术馆,而汉密尔顿之所以在展厅地面上重新铺设瓷砖,就是为了抹除原有的、令人质疑的权力象征。"我希望多数表演者都不是白人,因为他们对被人注视的感受有所不同。"她说,服装的作用是防止参观者关注表演者本身,"在某种程度上,表演者的身体拒绝提供更多细节。"

这是什么意思?

"从我的个人经验出发,无论如何,人们都不会认真倾听。他们只会得出自己的结论,可能是对的,也可能是错的。"

她举了一个例子,2019 年的威尼斯双年展展出了她的一件作品,这个作品中的几个黑色的人体模型穿着厨师服,在一个贴满格子壁纸的空间里工作。

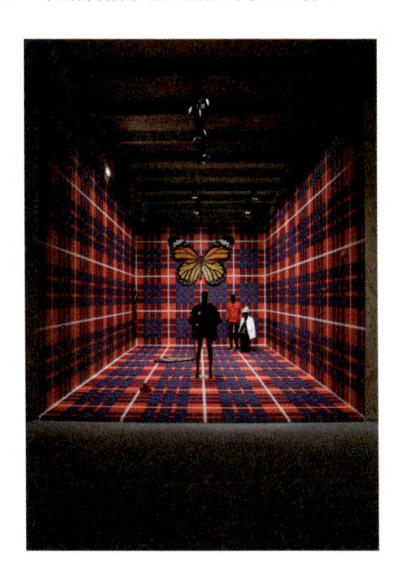

"因为人体模型是黑色的,所以有人问我:'这些是不是黑人?'我问他:'为何如此认为?为何认为这样合乎常理?你如何看待艺术家和整个展览?'"

汉密尔顿将自己的思考和泰特美术馆的委托联系起来:"在创作《南瓜》时,人们一直问我:'你是怎么设计服装的?'而这不是重点,重点是我们为什么要设计这些服装。"

在《南瓜》展期结束前的倒数第二天,汉密尔顿出现在展厅里。那天下着雨,这里挤满了躲雨的人。"当天的表演者是一位芭蕾舞演员,他是黑人与白人的混血儿,但肤色较浅,长得非常英俊,因此早已习惯被人注视。当他套上演出服时,我不知道人们会看到什么。"

在人满为患的展厅内,这位表演者的身边是蜂拥而至的人潮。"人们几乎贴在他的身上拍照,"汉密尔顿说,"我猜他说了句:'哦,对不起,表演即将结束,你们可以放弃试图消费我的想法了。'接着,他爬到了一个比其他人都高的地方,在那里坐了很长时间,才摘下了头套。"

那是一个震撼人心的时刻。

"他从高处俯瞰众人,不带笑容,脸上的表情很特别,就像在说'我看到你们在看我,现在我也在看你们'。当参观者意识到自己一直在盯着一个有色人种看时,他们发现自己不知道究竟该摆出怎样的表情。5分钟后,人群几乎散尽。"

艺术家们揭示了时尚是如何兼具私密性和政治性，从而使公共和私人之间的界限变得模糊的。

英国艺术家普雷姆·萨希卜会在创作雕塑作品和装置作品时使用服装。他的作品曾在伦敦当代艺术中心等展出，现被泰特美术馆收藏。他的作品能帮助我分辨出伦敦那些很相似的地方——俱乐部、酒吧、澡堂。

萨希卜通常穿着一身黑衣。在我们相约喝咖啡时，他穿的是黑色连帽衫。

在他的作品中，我们可能看到一些时尚服饰，如下面这件作品《轰鸣》(*Rumble*)中叠压在一起的外套。

这些外套轻薄且保暖，便宜且易被取代，即使被扔在俱乐部的角落里也不会令人心疼。对我来说，它们意味着在突如其来的露水情缘中找到自由。

在谈话中，我们聊到了解放。"你提到了解放，这很有趣，我一直认为解放是一个模棱两可的概念，也是一种限制，它与我们在资本主义社会中存在的形式有关。"他说。

萨希卜在伦敦西部的索撒尔长大，那里生活着大量南亚人。在青少年时期，每逢周六，他就频繁外出，前往肯森顿市场里名为"视野之子"的摊位打工。那时，他热爱赛博朋克，他说："我觉得这是一种逃避面对自己的身份的方式。当时，爸爸经常给我制作衣服，但我没告诉他我要去邪恶花园俱乐部。16岁时，我会带着肩膀上配有金属装饰、焊着铆钉的衣服去布里克斯顿车站，并换上它。"

很快，萨希卜开始出入纽约苏荷区的酒吧。"我想变得光鲜亮丽。我曾化过浓妆，朋友对我说：'这样我都看不到你的眉毛了。'"他说，有天他穿了一件特别合身的白衬衫，"这是飒拉（Zara）品牌的基础男款紧身衬衫，那天晚上我涂了很多粉底液，碰巧在洗手间遇到了一个人，他穿的衬衫和我的一样。于是，我在他的衬衫上印下了一个图案。"

在作品《基础男款衬衫》（*Basic Man*）中，萨希卜纪念了这一时刻。

萨希卜常用作品纪念自己在各处的体验。

我和萨希卜有时会约朋友一起去伦敦肖尔迪奇区的战车罗马澡堂，大家坐在按摩浴缸里聊天。2016年，此处被某个酒店开发商买下，在这个澡堂被拆除之前，萨希卜走进它的内部，拍下了它的"遗骸"，并拿走了30个储物柜，以为基础创作了作品《你在乎吗？我们在乎》(*Do you care? We do*)。

我的衣服可能曾被放在其中的某个储物柜里，萨希卜的衣服也是。

萨希卜曾认为，脱掉衣服是一种解放："我一直认为裸体是一种民主。过去，我认为脱掉衣服能让人摆脱社会的束缚。"

裸体贯穿整个艺术史，这一点在古希腊的裸体雕塑作品上体现得淋漓尽致。到了20世纪，身体在艺术中被赋予了新的意义，开始追逐欲望的潮流。

芬兰艺术家托科·瓦利奥·拉克索宁有一个更为人所熟知的名字——芬兰汤姆。1957年，他的作品首次出现在《体格画报》(Physique Pictorial)杂志上。

芬兰汤姆穿着和他的画作中一样的男士皮夹克和紧

身裤。下面左边是 1985 年他在旧金山鹰酒吧拍的照片，下面右边是他的一幅画作。

芬兰汤姆的作品很受欢迎。在纽约，艺术家阿尔文·巴尔德普也进行着类似的创作。

芬兰汤姆的作品在进行一种骄傲的展示，展示时尚的服装或强壮的身材；巴尔德普的作品则在进行一种敏锐的捕捉，捕捉那些隐藏在游乐之间的服装或裸体。

巴尔德普的作品展示着那些将裸露视为一种"穿衣方式"的人的风格。

这体现的似乎是一种乌托邦式的自由。

今天，将裸露视为一种"穿衣方式"仍体现着乌托邦式的自由吗？

说回萨希卜。现在,他仍在质疑裸体规则:"我和一些朋友聊过,他们的身份是通过服装来展示的,当他们的衣服被拿走时,他们就会变得十分脆弱。"

许多群体的空间都面临着结构性压迫。"这个世界里有潜在的厌女情结和种族主义,"他本人就经历过种族歧视,"它们本是私密的,在将其公开后,我们就能更开诚布公地讨论这些事情。"

在此,时尚的作用、服装的穿脱都是我们与自己对话、理解自己的一部分。

他说:"我着迷于用物质文化来表达非物质思想。我一直在阅读,某些观点认为,物质世界代表着浅层的东西,是非真实的。真实被认为存在于物质世界之外。现在,我们利用物质世界来表达这种超越。服装,代表的是物质世界之外的一切。"

夏洛特·普罗杰
Charlotte Prodger

苏格兰的艾格岛上只有86位居民,夏洛特·普罗杰从此地发来了邮件:"我正在写作,我住的房子里没有网络。刚才我在朋友那里借用了5分钟网络,处理了很多事情!现在狂风大作,暴雨如注。"

普罗杰常在创作和生活中寻求逃避,但她与当下的各种材料紧密相连,并用这些材料探索古老与现代之间的联系。她制作的电影《布瑞吉特》(BRIDGIT)是以新石器时代的一位神的名字来命名的,这部用苹果手机拍摄的电影获得了特纳奖。

普罗杰经常穿休闲装,这也是她的作品的一大特色。2012年,她拍摄了一段网络视频,讲述的是一个人对一双耐克品牌的鞋爱不释手,最后却毁掉了这双鞋的故事。

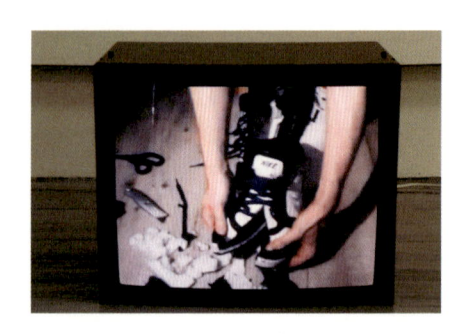

下面这张照片中的是《布瑞吉特》的开场镜头,镜头中的是普罗杰的运动鞋。她躺在沙发上,正在用放在胸前的苹果手机拍摄。镜头随着她的呼吸移动着,旁边传出海盗电台的声音。

在影片的后半段有一个长镜头,拍摄的是海边的几只飞鸟。海浪平静,旁白是普罗杰的日记选段。

11月14日。我在JD体育零售店买了两件T恤衫、一条慢跑裤和几双袜子,收银员问我这些是不是给儿子买的,我说不是,这些是给自己买的。之后,她没再说什么。

在电影《化身巨大的灰猫头鹰》(Passing as a

Great Grey Owl)中,有一个普罗杰在大自然中小解的镜头。镜头捕捉到了帚石南、积雪、阿迪达斯品牌的运动裤、手和一些液体。她曾对我说:"当我独自在大自然中小解时,我感觉很奇怪。当我们远离都市这一叙事背景时,我们的身体又意味着什么呢?"

在连续多年拍摄电影之后,普罗杰说她现在只想写作,并主动提出为本书写一篇文章。

这篇文章名为《现代研究》(Modern Studies),它将服装、记忆、情感、身份、过去的存在和更多的渴望联系在了一起。

现代研究

作者:夏洛特·普罗杰

1987

受欲望驱使,她低下头,看到了一个竖着的卫生棉条。这是她的标志,一如欲望。它垂直插在她的编号为501的牛仔外套的内口袋里,而这件外套挂在黑色的塑料椅背上,呈现出凹陷的形状,这是她在课堂上的外部标志。在这件外套的外口袋里,装着一个由锤子和镰刀组成的红色徽章,上面是金色的列宁小像。

1991

我站在梅斯(mace)公司的柜台后面,看一个男孩过马路。他穿着一件海军蓝运动衫,站在喜伴(Spar)超市外面。他的运动衫上印着两个性别不明的人背靠背地坐着的图案,下面写着"KAPPA"。男孩转身走进超市,他的牛仔裤上写着"Pepe"。

我和K分别推着茶车的两端。我们是英奇马洛之家疗养院的护工,他和我一样有姜黄色的头发、苍白色的睫毛,但肤色稍微深些。天蓝色的涤纶制服僵硬地挂在我们身上。我的制服上的纽扣系在中间,他穿的是男款制服，纽扣系在一侧，这使得他的制服在胸前呈现出一种特殊的交叉效果。

1993

这些中间的分隔是精确的。梳子的梳齿依网格被分成两部分，就像那片育我成长的、被密集耕作的田地。作物轮作，被隔开、被分割，笔直、严谨，如同极简的电子乐。只是，电子乐有灵魂，长老会却没有。感谢上帝赐予人类底特律。

2010

我经历了一场灾难性的分手。我搞砸了，左右为难。我不知道自己该去何从，只想藏起来，于是就在巴尔弗朗附近租了一个朋友的房车。我差不多独自在这里住了一个月，只有晚上为了去做打碟工作，勉强坐公交车进城，第二天早上再躲回来。我劈柴、看《火线》、在泥泞的小路上走来走去。

这辆名叫内布拉斯加的房车伫立在河岸边。要想前往这里，得从一块逐渐变窄的、像漏斗的、布满电线杆的斜坡上出发。在右侧河流的上游，有4个场地，哪个场地上没有公牛，就走哪个场地。附近有一所"淘气男孩学校",它的周围除了《末日审判书》①里记载的一棵千年红豆杉以外,别无他物。我从来没见过这个学校里的男孩,但我知道有些男孩时不时会跑出来,因为之前有两个成年人站在我的窗户前,问我有没有看到男孩来过这里。

我找到了一条A.P.C.品牌的牛仔裤,它可能是二手货,也可能是朋友送的,我记不清了。它是褪色的、松松垮垮的,它的褪色不是那种显得时髦的褪色,布料也不是那种常见的斜纹牛仔布。虽然已经过去了10年,但我仍记得以前穿着它的感觉,它的腰部被我越穿越松。我记得穿着它的时候自己身上的味道,那是一种分手的味道,是一种肾上腺素、不确定性、抽象的欲望与轻微的动物气味混合在一起的味道。有时我不穿内衣,这可能也是因为我没带几件内衣。那是秋天到来时的一个奇妙时刻,感觉就像水龙头里同时流出了冷水和热水,二者却没有完全混合在一起。我记得在森林里我把手伸进裤腰中的感觉,也记得在城市里别人的手抚摸我的感觉。我记得清清楚楚。

一天早晨,我洗完衣服,把它们挂在一根系在两棵

---

① 英文为"Domesday Book",亦作《温彻斯特书》,于12世纪开始使用,类似当时英格兰的人口、土地、税务普查结果汇编。它所记录的情况不容否认,因此人们认为"它的内容就像最后的审判一样,不可改变"。——译者注

银桦树之间的绳子上。几天后,我找不到那条牛仔裤了,哪儿都没有。我询问了一对住在附近的房车里的夫妻,即使我知道他们肯定没拿。我想知道它在哪儿,因为我现在就想穿上。我猜是那些男孩把它拿走了。

2013

C和两个朋友住在伍德兰大道上的一套公寓里,那时候人们还住得起这里的房子。C在3条街外的一家咖啡店工作,每天晚上回家时身上都带着一股牛奶味,就像裹了一层看不见的牛奶膜。

我和C躺在她的床上。现在是冬天,公寓的窗户湿漉漉的。天已经黑了几个小时,快到晚饭时间了。窗户很高,房间里很暗。巧的是,我们都穿着灰泥色的衣服,这也叫石南灰色。我穿着连帽衫,两人都穿着运动裤,她的运动裤是史莱辛格品牌的。一束光从走廊的门缝里射了进来,周围被灰泥色围绕。

钥匙开门的声音响起,更多光线进射进来。G喊着"3只活螃蟹",C随声而去。G的声音被走廊里湿漉漉的喧闹声淹没了,走廊一直延伸到厨房,我们聚在厨房里看螃蟹。G在某家商会当接待员,帮助企业填写许可证表格。商会附近有一家新开的海鲜店。一位对文书工作感到紧张和困惑的客户来了商会很多次,事成后,他送来了一箱活螃蟹当谢礼,里面一共有20只。G的任务就是分掉这些螃蟹。

2015

衣服是身体的模拟物。它们是按照身体的形状剪裁的，因为它们会贴着身体。它们与身体相伴 1 天、5 年、10 年。有个拥有房车的人离开了人世，留下了一条装在保鲜袋里的灰色羊毛人字围巾。这个人身上的味道会留在围巾上几个月，甚至 1 年。这个人的说话声、吞咽声、呼吸声（像是她的引擎声）的录音，能从一种格式转换成另一种格式，保存几十年。随着时间的推移，这条围巾上的气味会消散。当我拿到它时，它已经被虫蛀了，飞蛾扑面而来。我把它带去了维多利亚路上的一家改衣店，问："能否帮我把这个洞补上？"那个女人看着我说："你能把上面的飞蛾赶走吗？我可不想店里的衣服被蛀。"我说："好的。"结果，事实并非如此。

休闲装
Casual

在现代社会中，大部分人都会穿休闲装，它有着多层含义。

在英语中，首字母大写的休闲装（Casual）指为便于活动而设计的服装：运动鞋、卫衣、运动服。它们穿着舒适，可以随意搭配。这种服装跨越各个社会阶层，对富人而言，懒洋洋的休闲状态就是他们奢侈生活的象征。

而英语中首字母小写的休闲装（casual）与剪裁服装相对，被当成阶级象征，是艺术家可以拿来反抗和改变压迫的武器，是代表焦虑与不安的服装，是我们这个时代的服装。2006 年，曾任英国首相的戴维·卡梅伦对这种服装进行了著名的概括，他称连帽衫是"当今英国年轻人问题的生动象征"。

休闲装至少已有一个世纪的历史，这比许多人想象的更加悠久，如 1924 年阿迪达斯品牌就推出过运动鞋。在历史图片里，它们可能显得与以前的时代格格不入。

邓肯·格兰特是我为撰写本书而研究的第一批艺术家之一，他是 20 世纪早期布鲁姆斯伯里团体①的成员。格

---

① 包括作家、艺术家等在内的松散文化团体，查尔斯·狄更斯、弗吉尼亚·伍尔夫等均在其中。——译者注

兰特和艺术家凡妮莎·贝尔有一个孩子，但实际上二人作为无性伴侣一起生活了40多年。他们位于东萨塞克斯郡的故居被保留至今，现在仍向公众开放。

在没看到下面这张格兰特的照片之前，我的感觉可能和你的一样，即认为他应该衣着得体、造型时髦、放荡不羁，且带有波西米亚风格，毕竟他有很多照片都是这样的。

后来，我收到了下面这张照片。

在下面这张照片上，格兰特穿着运动服坐在查尔斯顿的郊外。

下页这张照片中，格兰特拿着一本罗什的诗集《谜语变奏曲》(*Enigma Variations And*)，其封面正是由格兰特设计的。这本书出版于1974年，格兰特于4年后

离世,享年93岁。

以上这两张格兰特的照片令人吃惊,因为当时休闲装是年轻人和工人阶级的服装。当时的人们认为,一个曾经或正在私立学校接受教育的人必须顺应潮流,穿得得体,而格兰特却反其道而行之。

20世纪80年代，在嘻哈音乐、锐舞文化和英国露台足球赛的推动下，大众对休闲装的态度有所改变。早年穿休闲装的人已经长大，现在它成了中年人的衣橱里的日常服装。

这种改变也归功于科学技术的进步。笔记本电脑和无线网络的出现，把人们从办公室里解放了出来。那些穿着T恤衫和牛仔裤、赚了数十亿美元的科技公司首席执行官们也为大众树立了榜样。

休闲装随之成为时尚奢侈品。在古驰品牌的网站上，有一款运动夹克和运动裤的套装标价为3350英镑。正如马丁·西姆斯所说，这些奢侈品休闲装的灵感大多来自选择范围和经济条件有限的有色人种和工人阶级。在这种复杂的情况下，当代艺术家们穿上了休闲装，并将其运用到了自己的作品中。

我曾经和美国艺术家桑德拉·佩里通过网络电话沟通，当时她正在自己位于新泽西州纽瓦克的家里，穿着印有科恩乐队的T恤衫。"我是一个胖子，"她说，"我从小就是工人阶级，不会用服装来表达自己。"

佩里创作过影像作品、装置作品、数字渲染作品，并在其中探讨关于种族、剥削、身体等方面的问题。下页这张照片中的是她于2016年创作的影像作品中的角色，这个作品名为《三台显示器工作站的移植和灰烬》

(*Graft and Ash for a Three Monitor Workstation*),这个角色是佩里个人的模拟角色,和佩里本人并非一模一样,正如这个模拟角色所说:"我们是桑德拉尽力渲染出来的,但她无法在软件中复制她的脂肪。"这个影像作品最初是在一个健身站的显示器上播放的。

佩里发现,无论是在科技界还是在时尚界,都没人关注她的身体形象。

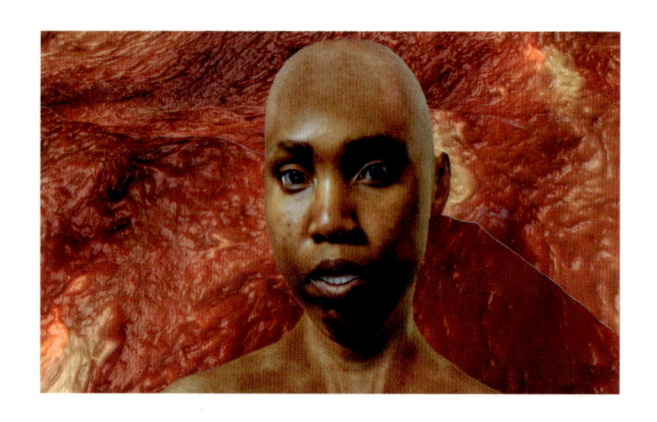

2018 年,32 岁的佩里获得了著名的白南准艺术奖。

她说,自己年少时可以穿的衣服有两种:"一种是教堂阿姨的衣服,另一种是普通的衣服。"佩里选择了后者,也就是休闲装。

"我们这里的冰球队是新泽西魔鬼队(New Jersey Devils),"她说,该队的球场就在她的公寓对面,"我有一件他们的毛衣,它被穿上以后会紧贴身体,因此你只能看到'DEVILS'（魔鬼）的字样。"

2015年，佩里从哥伦比亚大学毕业。很快，她就小有名声，并受邀参加一些会谈。此时，这件休闲装成了她的必穿之衣。

那时，佩里很欣赏作曲家、诗人、哲学家桑·拉。1971年，她在加利福尼亚大学伯克利分校听了他的演讲。有人问桑·拉："在这个动荡的时代，黑人如何获得公平？"桑·拉说："不能，不可能。但是，我会利用一切来解放黑人，包括利用邪恶。"的确，他一直围绕着解放黑人努力，试图推翻那些体面的东西。最后，他说："我是一个邪恶的人，白人都这么形容我，他们同样邪恶。因此，现在我们有共同点了。"

在此之后，佩里找到了她和新泽西魔鬼队的关联："我觉得我也是这样的——魔鬼，我是捣乱的魔鬼。"

2017年，佩里拍摄了一部名叫《游戏规则》(*It's in the Game*)的电影，讲的是一个有色人种被无情剥削的故事。佩里有一名双胞胎哥哥叫桑迪，桑迪曾在大学里打过篮球，他不知道的是，游戏开发商EA体育公司已经获得了他的身体特征数据等相关数据，并将其应用于一款电子游戏。

我们的身体究竟掌控在谁的手中？

除了拍摄桑迪参加篮球比赛的过程，佩里还在纽约大都会艺术博物馆的展览中为桑迪拍摄。此外，她拍摄了自己独自前往伦敦大英博物馆的旅程。在所有镜头中，这对双胞胎始终穿着休闲装。

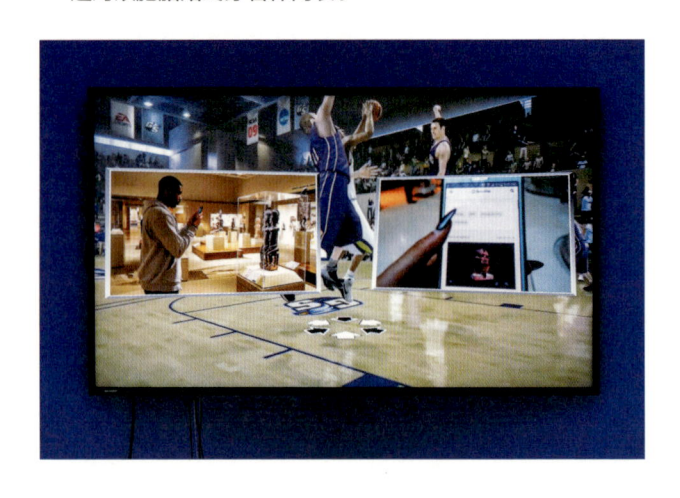

"我们非常随意,"佩里说,他们穿休闲装是为了追求舒适,"这不是什么独特的经历。我们去纽约旅行,去博物馆参观,穿上舒适的鞋子,走入展厅内部,看到展品后开始思考这些东西是怎么到这儿来的。此时,我对帝国主义和殖民主义有了既极其平凡又近乎极端的深刻理解。"

在下面这张照片中,桑迪站在一座建筑物前,那是建于 15 世纪的埃及丹铎神庙,现在它位于纽约大都会艺术博物馆的赛克勒厅。

"在日常生活中,如果要出门一整天,穿运动裤会很舒服。然而,当我们到达(博物馆)这些地方时,在那一刻,我们开始意识到服装的重要性。权力的运作难道不是向来如此吗？它不是戏剧性的，而是平凡无奇的。官僚主义是世俗的、被权力商品化的东西，虽然十分普通，但深深融入了我们的生活。"

艺术是为谁创造的？谁又被排除在外？

佩里说："从我长大的地方去纽约需要坐火车45分钟。在上艺术学校之前，我从来没去过画廊，也从来没去过博物馆。我不知道那是怎样的世界，我感到不适。我无法想象自己穿着不合身的牛仔裤和内衣、单薄的T恤衫和染尘的破洞毛衣，走进切尔西的某家画廊的场景。这个世界总是围绕着拥有金钱、地位和门路的人运转。"

她提到的切尔西是纽约最多金的商业画廊所在的地区。相比之下，佩里的作品可以在她的网站上免费观看。

"休闲"这个词有时很刺眼。

英国艺术家马克·莱基在自己制作的电影中，将休闲装当成视觉语言的一部分。

他出生于1964年，成长于一个工人家庭。20世纪80年代，服装文化急剧转变，休闲装逐渐被成年人所接受。"我只能围绕着阶级来讨论服装，否则毫无意义。"莱基说。

下页中的是2017年莱基在纽约现代艺术博物馆的

PS1当代艺术中心举办的作品回顾展上进行表演的照片。

1999年,他的开创性电影《菲奥鲁奇让我成为硬核》(Fiorucci Made Me Hardcore)首映,电影记录了20世纪70至90年代初的英国青年亚文化群体。每种亚文化群体都有特定的服装:"北方灵魂乐"亚文化群体的超宽长裤,"迷幻豪斯音乐"亚文化群体的盆帽和T恤衫……

下页展示的是这部电影中的一个关键镜头,舞者们穿着宽大的裤子或裙子旋转着,背景音乐是加速版的《我人生中最棒的表演》(The Greatest Performance of My Life),由洛丽埃塔·豪洛维创作。

这部电影十分引人入胜，充满活力，发人深省。它揭示了接连产生的英国青年亚文化的本质：改变原有的服装和音乐，激发人类共同的欲望。

青年人和成年人一样，需要争取自己的空间。随着电影情节的发展，人们身上的服装变得越来越休闲，这展现出了休闲装的传承、意义、魅力和力量。

莱基和佩里一样，希望艺术是公开的、人人得享的，因此所有人都能在他的网站上看到这部电影。

我们见面的那天，莱基刚在泰特不列颠美术馆的5块数字屏幕上放映了他的新片《深深之下》(*Under Under In*)。夜色里，一群孩子在高速公路桥下，戴着兜帽、穿着街头服饰，莱基拍下了这一幕。他小时候也曾在这里玩耍。在拍摄过程中，孩子们一直在展示自己服装的品牌：耐克、阿迪达斯、北面。这些服装可能让他们遇到麻烦，而莱基希望我们能跳出这种刻板印象，让这些品牌成为归属感叙事的一部分。

莱基在伯肯黑德长大，此地与利物浦隔着默西河相望。

"少年时期，只有两件事情我记得最清楚——时尚和挨揍。"他喜欢分析时尚，"早在很久以前，我就非常了解服装语言，一直痴迷于研究服装的功用和意义。"

1990年，20多岁的莱基搬到了伦敦。"我认识的人对服装的理解都很相似，"他说，"他们穿衣有型，我也是。有时，你会在街上发现很会穿衣打扮的人，而这就是我来伦敦的原因。我没钱，也没工作，只能四处漂泊，这时我会通过分析人们的衣着来消磨时间，从而让自己不至于陷入泥淖。"

这些对服装的解读最终被融入了他的作品："在某种程度上，《菲奥鲁奇让我成为硬核》就是这样诞生的。"

少年莱基曾是"休闲族"的一员。这是一个由足球爱好者组成的亚文化运动团体,他们把对时尚、品牌和服装的敏锐洞察力带到了绿茵球场上。"我一直希望改变人们对'休闲族'的看法,人们总是认为这里充满了支持种族主义的流氓和傻瓜,但早期的它并非如此。"

我本想在此处插入一张"休闲族"的照片,但莱基说:"早期'休闲族'的照片几乎找不到,这就是他们的有趣之处。第一批成员衣着低调,造型出人意料。我记得有个早期成员看起来像个地理老师,穿灯芯绒夹克,袖子上有补丁。作为一个群体,他们看上去非常奇怪且不可思议。"

我问:"有多少人会穿得一样?"他答道:"可能有上千人都穿成这样。"这是存在于社交媒体时代之前的蜂群意志①。

据他介绍,"休闲族"利用服装让自己看上去与众不同,试图以此让想要给他们进行分类的人感到迷惑。他说:"我还记得,在20世纪80年代初,伦敦有很多来自埃尔斯米尔港的小混混,我和我的朋友也是。我们一行人去了巴宝莉专柜,想顺手牵羊,当然也想买条围巾之类的,这肯定会造成混乱。巴宝莉是一个高端品牌,而小混混却想偷它的围巾。他们根本不能理解高端品牌意味着什么。"

---

① 亦作蜂巢思维、蜂群情绪等,指众人像是处于一个巨大的蜂巢中,共用同一种思想和情绪。——译者注

"这是阶级意识的一部分。通过衣服,我们能在年轻时就意识到自己来自哪里。"莱基说得很严肃。

菲奥鲁奇是一个创立于 1967 年的意大利品牌,由于它的推动,牛仔裤从功能性服装转变为时尚服装。菲奥鲁奇品牌的牛仔裤在英国很难被买到,因此"休闲族"穿它是身份的象征。

莱基这样解释牛仔裤的魅力:"牛仔裤是消费主义时尚的象征,它的销售方式具有讽刺意味,你只是一个消费者。拿起它、买它、用它投资的想法就像一种信仰,一种既定之物,它无法决定你的生活,但能决定你身边的人是谁。在'休闲族'中,在亚文化中,在阿迪达斯、耐克、北面品牌中,牛仔裤成了一个代表你的符号与图腾。这也是我为它着迷之处。"

对他而言，"图腾"这个词很重要。在《深深之下》中，镜头突然从地面移至桥下的古老空间。前4个屏幕呈现了桥下的场景，第5个屏幕则拍摄了躲在桥下斜坡上的人。

莱基展示了人类的行为和欲望是如何跨越时空相互联系的，运动装和休闲装只是这种共性需求的当代迭代品。

"这是小人物对力量的寻求，他们以此引导自己回归。如今的街头服饰仍然如此，那些名牌服饰正在被街头服饰收编。这是因为，小人物这一群体已经找到了有意义的东西——从本质上毫无意义或粗俗无比之物中创造自己的意义。"

莱基揭示了这一点——人们可以在休闲装中找到归属感和身份认同感。美国艺术家瑞安·特雷卡丁列举了一些别人根据他的服装对他的身份的描述。

> 居家奶爸
>
> 游客
>
> 非常像俄亥俄人
>
> 乡村
>
> 高中戏剧老师
>
> 临时演员
>
> 准危机演员

特雷卡丁的影像作品像是现实世界的某个平行世界，既恐怖又搞笑，既似曾相识又令人振奋。他的角色们手中拿着手机、乱扔东西、大喊大叫、语速很快，他们的话语就像你在公共汽车上听到的零星对话一样，而且是扭曲的版本。

他的角色们经常穿着卫衣、T恤衫、草原裙，或者将一些可能是从折扣商店里买来的、廉价而华丽的劣质服装进行混搭。

下面是在拍摄影片《中心珍妮》(CENTER JENNY)的特雷卡丁，他穿了一件写着"WITNESS"（证人）的运动衫，表明自己是影片中的边缘人物——既是幕后人员，也是演员。

后台放有假发、美甲片、手提包、彩色隐形眼镜、化妆品，他将这些物品统称为"基本语言层"。它们是他经过深入研究的选择，是混乱景观的一部分，也是他对当今生活的描绘，充斥着意象、焦虑与刺激。

特雷卡丁给我寄来了8页纸，上面写满了他对服装的看法。我将保留他的语法习惯，在下面节选一段他的文字。

在我看来，衣服和文字可以以类似的方式运作；

衣橱和语言可以以类似的方式运作；

风格和方言或口音可以以类似的方式运作；

穿衣和说话可以以类似的方式运作。

下面这张照片展示的是特雷卡丁与其长期合作者丽兹·菲奇合拍的影片《生死线》（*Whether Line*）中的一个场景。

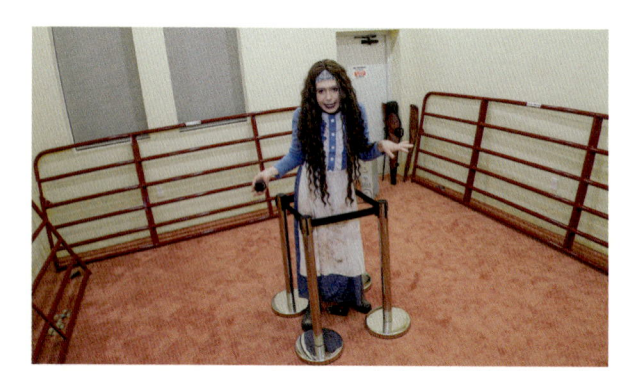

特雷卡丁生于 1981 年。21 世纪初，他一直在迈阿密、洛杉矶这些大都市生活。2016 年，他搬回家乡俄亥俄州，与菲奇一起在故土的乡间买了一块约 13 万平方米的土地。他们造了一栋有很多门的房子，还建了一座约 17 米高的瞭望塔，以及一个懒人漂流水上乐园。现在，这些建筑都成了他们的电影背景，不过它们被故意弄得不太美观，到处都是建筑垃圾。

当我们通过电子邮件沟通时,他为自己回复得晚了一些表达了歉意——他家的煤气泄漏了。

"我与服装的关系往往包含大量的回避和敷衍的举动。"他指的是刻意选择以某种身份出现,有意识地展现出某种形象。

他进一步解释道:"我喜欢那些能提供充分信息而使大脑放弃深究的事物,但某种与结论不符的疑云使大脑总是感觉不太对劲,于是脑内就会产生歪曲的信号。"

他会从沃尔玛买衣服。沃尔玛是美国的大型连锁超市和折扣店,是许多美国人的购物场所,也是多数人最常消费的"服装店"。它远离T台,远离城市的时尚理念。刚刚,我在沃尔玛官方网站上搜索"新到商品",搜索出了连帽衫、运动服、运动裤和腰包。这是美国的休闲装,也是一些给特朗普投票的选民所穿的衣服。

特雷卡丁说:"我想,我总是在后退,去选择一些我认为能广义地概括和代表这些人群的服装,包括"容易被忽视"的中产阶级、缺乏文化的普通人、中年阳刚男子……无论别人对我的刻板印象是什么,当一个不认识我的人从远处看到我时,都会发现我穿着中性服装。"

关于自己的服装,特雷卡丁自有一套购物技巧:"在沃尔玛或塔吉特,找那些均码的、最容易被忽略的衣服。如果连你也忽略了它,那么它可能就是最适合我的衣服。"

关于作品中的服装，他的灵感来自朋友们："他们激发着服装的潜力，将服装所含的、所引导的文化引向更广阔的领域。他们用服装来塑造现实、扭转现实。"

许多艺术家都用服装来表达自己，这对特雷卡丁创作的影片而言至关重要。

特雷卡丁提到了他于2009年创作的影像作品《凯科里亚英克》(*K-CoreaINC.K*)，这部影片探讨了文化的商业化。他的朋友、经常与他合作的纽约设计师特尔法·克莱门斯饰演影片中的"全球化的韩国人"这一角色。

下页中的是在一个被5排飞机座椅挤满的小房间里拍摄的镜头。"特尔法戴的耳环是法式美甲片，"特雷卡丁写道，"这对耳环'拔高'了他的角色，是他成为首席执行官的标志。"

"我不知道怎么在影片中展现出这对耳环的含义,于是就这样简单地把它们挂在了特尔法的耳朵上。"

在影片中,克莱门斯的服装展现了对传统女性服装的重新诠释,使正式的女性服装变得具有休闲风格:荷叶边衬衫、裙子、发带,没有内衣。在另一个场景中,他在露营车里打滚,时而露出自己的隐私部位,同时拿着苹果电脑的盒子。正装以一种混乱的方式被穿在身上,其表面含义仅是一层薄薄的掩饰。

我曾问过特雷卡丁:"服装是如何帮你玩转现实与非现实的?"他的回答和他的影片中的文字很像,带有一种令人愉悦的自由。

不知如何取消的自动续订订阅。
服装是一种具有共识的缺陷。
服装可以轻易变为武器。

休闲装和影视艺术密不可分，它们在同一时期趋向成熟，并在 21 世纪收获了硕果。像特雷卡丁这样的影像创作者，会特意让影像中的角色穿上休闲装，而有一些人则恰恰相反。

在拍摄电影时，英国艺术家希拉里·劳埃德希望拍摄对象做回自己，穿上日常的衣服。不过，这些衣服通常也是休闲装。

下面是她的作品《洗车》(*Car Wash*) 的剧照。

劳埃德本人总是穿着阿迪达斯品牌的衣服，我甚至想不起来她什么时候不穿这个品牌的衣服。

"我真的很喜欢制服。"她说。

在爱尔兰的利斯莫尔城堡里，我们共度了一段时光。下页中的是劳埃德在树蕨运动场上荡轮胎秋千的照片。

照片中，她穿着阿迪达斯品牌的外套，罗恩希尔品牌的男款运动裤。劳埃德每年都会买 2 次休闲装："其实没有什么变化，出新品我就去买，买完就离开。我能穿着它们做任何想做的事，也希望任何人都能买到它们。"她并没有用服装把自己标榜成一位艺术家。

此外，休闲装另有裨益。出生于 1964 年的劳埃德说："让我们面对关于年龄的现实吧。穿休闲装没有年龄限制，我一直在穿。我还没想好怎么做另一套造型。"

我问，为什么你想做另一套造型？

"想多样化。也许是为了成为另一个人？"

"你想要消失吗？"当我说到"消失"这个词时，她的眼神变得锐利起来。

"不，我不喜欢消失。或许，这是一种融合。"

她的电影非常个人化，通常没有剧本，没有叙事，也没有传统意义上的导演。

她如此向陌生人描述拍摄过程："我会先问你是否愿意出演我的电影，如果你愿意，随后我会去拍摄你，但是我不想透露太多，从而让你在镜头前有所准备。我希望自己看起来平易近人，而不是像要伤害你。"

我们进一步聊到了制服。她认为的制服似乎是一种穿衣方式，而不是每个人都穿着的同样的衣服。"我拍摄的人都穿着制服，茱莉亚公主也穿着制服。"她说。

1997年，劳埃德制作了一个幻灯片投影作品，其中包含茱莉亚公主的照片。她是一位调音师、艺术家和反主流文化的代表人物，当时她正在通勤的路上。

这种关于制服的想法在她的作品《洗车》中得以延续。

在我们聊天后不久,劳埃德的新展"停车场"(Car Park)开幕,展出的有建筑作品、影像作品和绘画装置作品,还放映了她的新片《莫斯科》(Moscow),它讲述的是一位名叫莫斯科的波兰人的故事。

我向她发去邮件询问:"莫斯科穿的是制服吗?"

"是的!实际上,我就是这样和他说的:'请你不要盛装打扮,就穿普通的制服吧。'"她回复道。

劳埃德把自己的运动服也视为制服,她将休闲装和功能性服装联系了起来。正如《工作服》那章所述,这种功能性服装有助于艺术家进行日常工作。运动服已成为当今的功能性服装。

她为什么喜欢这种功能性服装?

"我欣赏那些做自己擅长的事的人,他们散发出一种魅力。因此,我可能只是在模仿我喜欢拍摄的人,创造我自己的制服。"她接着说,"制服具有戏剧性,非常性感。"

制服不意味着千篇一律。让一切回归布料,服装就会展现出多种多样的面貌。

比如,T恤衫起源于内衣。

T恤衫的雏形最早出现在19世纪末。当时正值盛夏,工人们为了透气、散热,开始把连体内衣一分为二。第一批大规模生产的T恤衫出现在世纪之交——1904年,库珀内衣公司推出了一款"单身汉背心",其无须纽扣固定即可穿着。

T恤衫是艺术家在工作室里的日常穿着,尤其是在气候温暖时。

下页这张照片中的是艺术家玛丽·曼宁,前文曾提过她，她为妮可·艾森曼拍过照片。1994年，22岁的曼宁用自拍杆拍下了下面这张穿着T恤衫的照片。

美国艺术家保罗·姆帕吉·塞普亚住在洛杉矶，他每天带着相机和镜子工作。"因为大部分时间我都独自待在

工作室里,所以我成了许多照片中的主角。"他在邮件中写道。

他在自己的艺术作品中经常赤裸着出镜,但在定期拍摄的自拍中,他几乎总是穿着T恤衫。这些自拍是他用来测试、校准镜头的,他不认为这是艺术作品,但这无疑记录了他的日常穿着。

"我在工作室里穿的都是实用的衣服，它们大部分是用大地色、棕色、黑色的牛仔布做的。"塞普亚说。

"无论是刻意还是凑巧,我的服装和作品都有相同的色调和审美。"塞普亚继续说。

并非所有的休闲装都要融入背景、化为陪衬。自20世纪40年代末以来，T恤衫一直是印制标语或图像的主要载体。据说，最早的印花T恤衫可以追溯到1948年，是为当时的美国总统候选人托马斯·杜威而设计的。

作为创作的一部分，加拿大艺术家马克·亨德利会利用丝网印刷在T恤衫上印歌词或歌名。他也会将其印在印刷品和画布上，以此创造记忆点。下面这张照片展示的是亨德利在他的作品《你说了算》(*It's Up To You*)中的形象。

在20世纪末的青少年心中,乐队T恤衫有着很特别的地位,因为他们大多会通过观看乐队演出来寻找身份认同感和归属感。在观看完乐队演出后,他们会去买一件乐队T恤衫,这是在用它告诉每一个人:我曾去看过这场乐队演出。

通过在T恤衫上印歌词或歌名,亨德利将服装与年少时期的记忆、情感之间的联系延续到了成年时期,唤醒了存在于乐队演出周边中的那份情感联结。

他发来了一些自己在纽约的工作室里制作的T恤衫的照片。

亨德利的T恤衫彰显的是一个群体，他们热爱音乐，他们如今已经步入中年，他们以歌词中蕴含的情感为前

行的能量来源,那些音乐大多是在他们的前一代人所处的时代发行的。

T恤衫能抚慰人,亦能肯定人。

1983年,艺术家阿尔瓦罗·巴林顿出生于委内瑞拉,他1岁时移居格林纳达,8岁时搬到纽约。他说,他会轮流穿各种T恤衫,比如,他有一件蕾哈娜创立的Fenty品牌的T恤衫,上面印着"Immigrant"(移民)的字样。

巴林顿经常创作关于生命、色彩和情感的动势绘画。就在我们通过邮件交流的同时,他在网络上发布了一张手写的便条,并配文:"我是一名黑人艺术家,黑人的复杂性塑造了我的想象力,我的艺术作品也一直在反映这一点。"

2019年8月,巴林顿在诺丁山狂欢节上利用丝网印刷制作了一件带有木槿花图案的T恤衫。

在下页这张照片中,站在人群之中的是巴林顿和画廊主萨迪·科尔斯。

至今，巴林顿仍穿着这件T恤衫，他说："在诺丁山狂欢节期间，我穿着这件T恤衫，上面沾了其他颜色。"

"这件衣服就像是我的制服。我习惯穿着同样的衣服在工作室里待十几小时,那么在出门时,我身上的衣服就有了情感意义,我喜欢这样,尽管我闻起来像臭屁。"

T恤衫是一种简单的服装,其图案元素不多,苏格兰艺术家大卫·罗比利亚德的作品也是这样。

下面是罗比利亚德于 1987 年创作的油画作品《安全的性》(Safe Sex)。

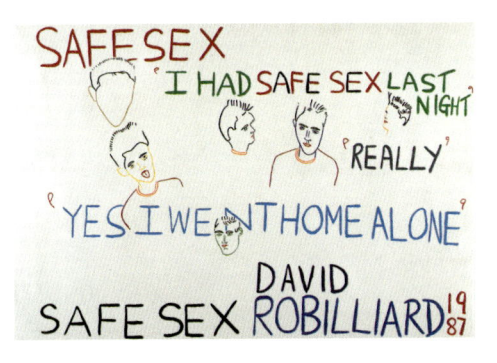

他本是一位诗人,后来在朋友吉尔伯特和乔治的鼓励下,他开始在文字的旁边画些图像。吉尔伯特和乔治形容他是"我们见过的最可爱、最善良、最令人生气、最有艺术气息、机智、性感、迷人、英俊、体贴、忧郁、友爱和友好的人"。

罗比利亚德喜欢穿T恤衫,时而会在T恤衫上作画。

下页上方是 1985 年他在某个画廊开幕式上的照片。

此时正是他艺术生涯的关键时刻,在这之后不久,他就开始将文字、图像结合起来,创作大幅油画。照片中,左边的墙上是他的诗集《必然》(*Inevitable*)的封面,右边的墙上是他的水彩画。

他在画作中用优雅、简洁而明确的线条画出了人物所穿的T恤衫。

在上页这个作品中,寥寥 8 根线条就构成了人物的 T 恤衫。通过这样做,罗比利亚德赋予了它某种性感魅力,这种魅力同样体现于他在下面这张照片中穿的 T 恤衫上。在下面的照片中,他正在纽约苏荷区的一个俱乐部里,艺术家弗朗西斯·培根是这里的创始成员之一。

罗比利亚德以幽默为武器,嘲讽男性理想主义美学。在下面这个作品中,他用 3 根线条表现了左边这位美少年穿的 T 恤衫。

在绘画的同时，他未曾停止写诗。在下面这张照片中，为了庆祝新书《吞咽头盔》(Swallowing Helmets)的发行，罗比利亚德穿着一件T恤衫。

同年，他画了下页中的这幅《一次性男友》(Disposable Boyfriends)。拿着啤酒瓶的人物穿着T恤衫和短裤，左手插在口袋里，这看起来就像是他本人。

这个人物的T恤衫由5根线条构成，仅此而已。在画完这幅画1年后，罗比利亚德就离世了。

在写本书的同时，我还担任特纳奖的评委。这两件事改变了我体验艺术的方式，让我学会了如何"观看"。

特纳奖官方给了评委会成员一份候选人名单，要求我们从中提名 4 位国籍是英国的或在英国工作的艺术家。在过去的 1 年中，他们竭尽所能观看大量的艺术作品，才挑选出了名单上的艺术家们。最后，评委会成员达成一致，选出了以下 4 位入围艺术家：劳伦斯·阿布·哈姆丹、海伦·坎莫克、奥斯卡·穆里略、泰·沙尼。

几个月后，在马盖特的特纳当代美术馆里，这 4 位艺术家的作品展览开幕。每次见面，他们总是穿得很随意。在展览开幕的那个周末，我为坎莫克拍下了下页这张照片，当时她正在一幅版画前表演，同时她的影像作品《漫长的笔记》(The Long Note) 正在放映，它讲述了北爱尔兰女性的民权运动。

在这次表演中,坎莫克既唱歌,又演讲。她穿的就是自己的日常服装:T恤衫、运动裤、运动鞋。

让时光回溯到这场展览开幕的 4 个月前——那年 5 月,这 4 位艺术家第一次见面。他们很快就意识到彼此拥有共同点,即都在以各种方式反抗截然不同但相互关联的权力结构。

当年，受到英国脱欧公投的影响，英国内部的分歧日益加剧，特纳奖恰好就在英国大选的前9天颁布。于是，这几位被提名的艺术家联合起来，给评委会写了一封信。

"经过多次讨论，我们几人达成共识，希望今年的奖项能由我们共同获得。"[①]他们在信中写道，他们每个人都创作了关于社会、政治议题的作品，"我们的作品涉及的政治议题不同，对我们而言，如果让这些议题相互对立，暗示其中一个比其他的更重要或更值得关注，会产生问题。"

在颁奖典礼的前几小时，评委会成员开会并正式宣读了这封信。我们同意了他们的要求。

不过这个决定暂时并未向公众宣布，仍是一个秘密。

当晚，颁奖典礼如常进行。在酒会和晚宴上，宾客们大多不出所料地盛装出席，男士穿西装，女士着礼服。

在颁奖过程中，英国广播公司全程进行现场直播。英国版《时尚》杂志主编爱德华·艾宁弗宣布被提名的候选人同时获奖，全场来宾即刻起身，掌声四起。

4位艺术家集体走到台前，观众们仍未坐下，掌声一直未停。

---

① 特纳奖于1984年诞生，每年的提名者有多位，而最终获奖者只有1位。但是，2019年，该奖项打破数十年的惯例，将奖项授予4位提名者。——译者注

穆里略穿着一件白色T恤衫。沙尼穿着克雷格·格林设计的衣服（设计师称之为"神圣野餐布"），戴着一条巨大的有机玻璃项链，上面写着"英国保守党出局"。哈姆丹穿着一件系扣衬衫。坎莫克穿着一件短夹克和一件圆领毛衣，耳朵上的是她常戴的大耳环，她走向讲台，代表他们四人宣读了一份声明。

"我们各自探讨的政治议题，就像气候的变化与资本主义的发展一样不可分割。我们每个人都试着用艺术来拓宽各个政治议题的边缘，展现出一个政治议题与另一个的联系，跨越时间，跨越空间，跨越现实与想象，跨越藩篱与边界。"她如此说。

我目睹了这一切，对此记忆深刻。坎莫克讲得清晰而坚定，她有力地掷出了结语："人类之间存在诸多隔阂与分歧,此时,我们深感自己需要以这个奖项为契机来发表这份声明,以公民之名,以多样性与团结之名,以艺术与社会之名。"

说罢,她转过身去,与其他三位相拥在一起。

这就像是一个新的开端。此处不再是某个奖项的颁奖典礼,不再是某个机构举办的活动,而是艺术家们为自己定义的空间。

写至尾声,我的心态发生了变化,是他们的举动促成了这种变化。

我曾理所当然地看待服装的语言、艺术家的作品,如今却开始重新评估它们。这种变化也影响了我对其他很多事情的看法,社会、文化和心理上的隔阂曾经看起来难以逾越，如今却开始消除。

许多艺术家的服装与常规服装背道而驰，他们反抗、颠覆、重塑着世人对他们的期望。我们不妨以他们为镜子，反问自己："为什么我们的衣着和观念如此局限？"

艺术家的服装向我们诉说着一个事实——如果我们踏上自己的直觉之路并勇敢出发，生活将会变得更加广阔。许多东西都限制着我们的穿着，包括权力、财富、性别等，而我们接下来要做的，就是打破它们，这急不可待、至关重要。未来存在无限可能。

致谢

感谢本书中提到的所有艺术家及其家人、朋友，感谢他们付出精力帮助本书成书。本书的雏形是我为英国的《金融时报》撰写的一篇文章，感谢乔·埃里森的约稿让我写出了这篇文章，感谢威廉·诺威奇首先发现它能被扩写成一本书。我永远感谢哈里特·穆尔对促成本书出版付出的努力。我希望每一位作家都有机会获得克洛艾·库伦斯这样的编辑的帮助，他极富见地、能力、同情心和智慧。

感谢希尔顿·阿尔斯、奥利维亚·莱恩、琳内·蒂尔曼这3位作家，他们的作品向我指明了我可以为之努力的方向，他们都以自己的方式为本书作出了贡献。艾琳·科克里从一开始就支持本书，并帮助我奠定了它的基础。在早期的交谈中，萨迪·科尔斯为我提供了极好的思考素材。我非常感谢劳拉、威廉·伯林顿、弗朗西斯和鲁道夫·冯·霍夫曼斯塔尔，他们给了我很多帮助。我很感谢韦罗妮卡·迪廷和她的工作室为本书的早期版本的诞生所做的所有工作。感谢亚当·考梅朵、露丝·德雷克、保罗·弗林、阿曼达·弗里曼、波莉·赫德森,感谢第十章读书俱乐部和阿诺德马戏团之友。

我还要感谢大英图书馆的工作人员,尤其是人文科学1部的图书管理员,以及所有为此默默付出的人。

感谢我的父母帕特和托尼·波特,他们一直在给我提供关于如何成为一名艺术家的极佳见解。我的姐妹莎拉、索菲、克洛伊及其家人都非常了不起。感谢理查德·波特,在我遇到理查德·波特之前,本书一度陷入瓶颈,在我们相遇后,一切都变得清晰起来。